心灵鸡汤
Chicken Soup
For the Soul

Seeking For the Lost Self

寻找迷失的自己

阿卡狄亚 / 编著

时代出版
时代出版传媒股份有限公司
安徽教育出版社

图书在版编目（CIP）数据

寻找迷失的自己 / 阿卡狄亚编著. -- 合肥 : 安徽教育出版社, 2012.9

ISBN 978-7-5336-6948-5

Ⅰ. ①寻… Ⅱ. ①阿… Ⅲ. ①成功心理－通俗读物

Ⅳ. ①B848.4-49

中国版本图书馆CIP数据核字(2012)第224032号

书　　名：寻找迷失的自己　　作　　者：阿卡狄亚

出 版 人：朱智润　　策　　划：阿卡狄亚　　策划编辑：刘　华

责任编辑：陈彩霞　　装帧设计：江山社稷

出版发行：时代出版传媒股份有限公司 http：//www.press-mart.com

安徽教育出版社 http：//www.ahep.com.cn

（合肥市繁华大道西路398号，邮编230601）

营销部电话：（0551）3683010,3683011,3683015

印　　刷：山东临沂新华印刷物流集团　电话：0539-7328668

（如发现印装质量问题，影响阅读，请与印刷厂商联系调换）

开　　本：710mm×1000mm 1/16　　印　　张：16.5　　字　　数：235千字

版　　次：2013年6月第1版　　2013年6月第1次印刷

ISBN 978-7-5336-6948-5　　定　　价：36.00元

目录
Contents

Part4 / 195

突破困难：向成功的终点冲刺

第一章

Part1

树立自信：开拓积极向上的人生

自助者天助

你不可能两次踏进同一条河，因为另外的水在不断地流入。

——赫拉克利特

很久以前，古埃及的首都开罗有一个大户人家，这家拥有一大笔巨额财产，但是，家里有个败家儿子，名字叫做米索里奇。

米索里奇从来不知道什么叫节俭，日子过得放荡不羁，吃喝赌样样俱全，以致他接手家业没两年，巨额家产便被他挥霍尽了，唯一剩下的，只有父亲在临死前的遗嘱中提到的无论如何也不能卖掉的老房子。

过了不久，米索里奇出于无奈，只能靠给别人干苦力谋生。干活十分辛苦，他回到家里就一动不动。

一天晚上，他竟然在自家花园里的一棵无花果树下躺着睡着了，还做起梦来。

在梦中，一位白发飘飘的老人出现在他面前，对他说："孩子，你的巨额财富应该在遥远的波斯，伊朗的一个大城堡伊斯法罕里面，你快到那里去寻找吧。"

第二天天刚亮，米索里奇就备好行囊出发了。

他翻山越岭、长途跋涉，遇到荒凉的沙漠、浩瀚的海洋、凶残的盗匪、波涛汹涌的河流、凶猛的野兽等数以百计的危险，真可谓历尽千辛万苦而大难不死。最后，他终于抵达了老人指点的大城堡伊斯法罕。

但不巧的是，他刚进城门，太阳就下山了，天很快就黑了下来。于是，他急匆匆地跑进附近居民区旁边的一座僻静的清真寺里。他放下行囊，想快点躺下休息，明天好继续赶路。

不巧的是，这晚，有一伙小偷竟然也进了清真寺。小偷翻箱倒柜的声音惊醒了寺院的人，他们大声呼救，周围的居民也大声呼救，于是，巡逻队队长率领几十个官兵第一时间赶到。小偷一听到呼救声，早就吓得逃之夭夭了。

队长命令士兵仔细搜查清真寺的每个角落，除了发现米索里奇这个远道而来的人外，一无所获。巡逻人员用皮鞭把他一顿好打，然后把他扔进了监狱。这顿皮肉之苦差点把他打断了气。

两天之后，他在监狱里慢慢苏醒过来。队长派人把他带到审讯室，严厉地问道："你到底是谁？究竟是从哪里来的？给我如实汇报！"

米索里奇苦笑着说："我叫穆罕哈德·阿里·米索里奇。我根据睡梦中的一个仙人的指引，从遥远的开罗历经千辛万苦才到这个城堡，因为他说在伊斯法罕的城堡里，有属于我的巨额财富在等着我。我到了现在，终于明白了老人所说的巨额财富是什么，原来就是你们这帮人毫不吝惜地赏赐给我的这顿皮肉之苦。"

队长一听，禁不住捧腹大笑。他说："天底下竟然还有你这样的傻瓜！我接连三天在梦里梦见遥远的开罗城池里有一座房子，房子的庭院里有一个漂亮的花园，在花园的一角有一座池塘，穿过池塘，有一株很大的无花果树，在无花果树下有一个小喷泉，小喷泉的下面就埋着一大堆财宝。可是醒来后，我从没有再想过那些荒诞的梦，更别说去理会那些梦兆。然而，你这个傻瓜竟然为了一个梦，翻山越岭来到这里，还害得我们到处巡逻。我可怜你，这几个小钱你拿去，快滚吧，越远越好！”

无奈之下，米索里奇只好拿着钱回家。回到家后，他在自己祖上留下的花园——巡逻队队长梦中的那个漂亮花园——的小喷泉下面，真的挖出了很多金银财宝。

心灵直通车：人的命运只有靠自己的努力来掌握，别人是没有办法帮忙的。跌倒了没有什么可怕的，再爬起来就好，天道酬勤，只要坚持不懈，上天早晚会赏赐给你成功。想要成功，其实根本没有秘诀可言，真理就是那么平凡，就看你怎样努力。只有自助者最终才能得到上天的资助。

一个普通人的成功

讽刺是一面镜子，照镜者从镜中通常都能发现其他人的面孔，唯独看不见自己，这就是讽刺在世界上遍受欢迎的主要原因。

——斯威夫特

德国人华特和异国人丽莎是一对几乎没有生活阅历的年轻夫妇，数日前，他们还天真地认为不久以后就可以一帆风顺，成功也指日可待。

当华特手捧心理学和企业管理双硕士学位证书时，他激动不已，以为自己很快就可以从事那盼望已久的大公司人际关系咨询的工作，或者是与之相关的工作。然而事与愿违，短期内的结果与他预期的大相径庭。华特出于无奈，为了生计，只好将希望暂时束之高阁，另谋生路。

这一晃就是好几年。华特是个本分的德国人，这几年除了靠自己的母语当个翻译养家糊口外，似乎也没有更合适的出路。

他和爱人丽莎都期望有一天能搬回德国，这样一来，不但可以和华特的家人团聚，丽莎也可以借此机会学习德文、了解当地文化习俗。由于他们一心想着回德国，便筹划着能在那里找到一份体面的工作，拥有可观的收入，并趁两人依然是丁克族时，可以四处走走，看看祖国的大好河山并增加人生阅历。

为了能够尽快实现这个梦想，他们用了将近一个半月的时间全心全意地在德国四处找工作，登报求职、咨询朋友、寄履历表，让雇主明了他们心中那份强烈的工作渴望。就这样，一个多月过去了，所有邮寄出的履历表都像石沉大海一样，没有一点音信。就在夫妇二人处于绝望中而正准备离德返美的前一天，华特出乎意料地接到一个公司的面试通知。

“亲爱的，我们一定会梦想成真的！”丽莎因这个消息而兴奋得欢呼起来。

然而，华特却显得有点忧心忡忡，他的态度看起来十分谨慎。

“别高兴得太早，还没有确定呢。”他说，“丽莎，这只不过是个公司的简单面试而已。”

面试结束，华特什么也没有说，两人按照原计划如期返美，一边等候通知一边做其他规划。

一个星期悄悄地过去了，接着半个月又过去了，最后一个月也这样过去了，丽莎的耐心受到了考验，她开始感到烦躁不安，她一再催促华特打个电话去一探究竟。然而华特却相当平静，因为他心里明白，他必须等到公司主动跟他联系才行。

在圣诞节来临前夕，他们终于接到了电话。该公司负责人事的主管在电话里向他表示节日的问候，另外转告华特，公司一定会雇用他，只是公司的决策过程有点慢。

又经过几个月的煎熬，两人终于梦想成真：华特接到了上班的通知。这份工作待遇优厚，薪水可观，升迁看起来也指日可待，同时公司还表示愿意协助华特还清所有的助学贷款及一切的迁徙费用。目前看来，再也没有什么工作比现在更好的了。

华特和丽莎高兴极了，他们终于圆了很久以来的心愿。

于是，华特从美国前往德国，开始了他的新工作。就当时的工作条件而言，这的确是个令人羡慕不已的职位，华特和丽莎也觉得非常满意。双方协商后决定，华特必须经过两个月的带薪试用期，目的是看双方是否都觉得合适。这时，丽莎也为此辞去工作，张罗着搬家的事。

可是，当华特真正开始工作后，才发现自己对公司及目前的工作怀有一种不踏实的感觉，总感觉有些事情似乎不太对劲。他惧怕自己内心会出现“回美国算了”的那种可怕的念头，因为事情发展到今天，早已是背水一战；他更惧怕直接放弃这个与梦想相符的职业。

就这样，时间一天天地过去了，最后，他终于确定自己真的再也无法忽视内心的这种真实感受。

每天晚上，华特都要走很长的一段路，反复琢磨这种情况。当他确定目前的新工作的确不适合他时，华特禁不住放声大哭。痛哭之后，他感觉自己除了悲伤外，真的理清了思绪，从而心情变得平静，内心也感到欣慰。

第二天，华特心平气和地走进总裁办公室，递交了准备好的辞呈。总裁十分惊讶，同时又感到失望，但是，看到华特去意已决时，除了接受也别无选择。“为什么要离开公司？对公司有什么不满及建议？你以后有什么打算？”总裁十分不解地问。

华特描述了自己在这段试用期看到的公司现象，并把问题详细地向总裁作了报告，解释了他从事的工作和自己原先预期的根本不符。华特接着说，经过了这段时间的磨练，他准备自己以后开一家咨询公司。华特斩钉截铁的态度以及坚定的口吻给总裁留下了深刻的印象，于是，他反问华特：“如果你真的当了咨询师，你会如何为公司真正地解决问题呢？”

华特皱了下眉，因为他没有想到总裁会这么追根究底，况且他尚未完全清晰地勾勒出自己的职业蓝图，不过，他仍按长期的思维模式进行了回答。他告诉总裁思想如何创造实际，而每个人的内心其实都有驱动力、常识和其他特质，这些足以使员工成为更有效率的职员……他滔滔不绝地给总裁讲述着。

总裁对华特的话也饶有兴趣，便问华特是否愿意当他公司的咨询师。多神气呀！华特做梦也想不到，自己转眼间就有了第一位客户，这个世界真的很奇妙啊！

就这样，华特在离开德国以前，和自己就业的公司总裁进行了整整一天的训练课程，还规划了日后要将这套心智操作规则和安宁心智的奇妙方法传授给公司。

从那以后，华特成功地走访了十三个国家，训练的直接对象是公司总裁和管理层，已经超过了两千人。今天，华特的事业已经蒸蒸日上，他不仅为原公司进行咨询工作，业务范围更是扩展至美国、德国及法国的其他公司。

华特做梦也不会想到，原本只是想简单地辞掉工作，到最后却出乎意料之外——创业当上了咨询师。华特不单单是赚进大把大把的钞票，还有上班族最渴望的不受局限的自由。他的妻子丽莎也如愿以偿，不仅在德国来去自由，并且还可以趁华特到各国出差时，跟随他四处游览。

心灵直通车：只要我们坚信自己内心深处的感受，就要果断地作出决定，让这种果断来处理生活中所面临的难题。这样，我们才能化难为易，把心中坚定的信念最终转化成神奇的力量。

不要吝啬你的赞许

撒谎是奴才和主子的宗教……真实才是自由人的上帝。

——高尔基

我清晰地记得，她是一位知识渊博、颇受人们尊重的女教师。她的一次上课，给我留下了非常深刻的印象。

当时，这位女教师将全班所有的学生都叫到讲台上，然后逐一告诉他们，他们每个人以及整个班级对她的重要性。紧接着，她又给每人一条精美的蓝色缎带，上面有几个金色的字："我是重要的。"

之后，那位女教师分别给每个学生三个带缎带的别针，让他们向自己心目中重要的人道谢，再观察这样做产生的结果。这件事作为一份作业，让学生一个星期后再回到课堂上一一报告。

班里一个个子最小的男孩在离他家不远的公司

找到一位自己崇拜已久的年轻主管，因他是自己的偶像，也曾认真地指导他完成他的生涯规划。

那个男孩子小心翼翼地将其中一条蓝色缎带别在了那位主管的衬衫上，并且又多给了那个主管两个别针，然后解释说：“我和我们的老师正在做一项重要的研究，我们的任务是把蓝色缎带送给自己心目中所感谢和敬仰的人，然后再给他们剩下的别针，让所敬仰的人也能向其他人进行感谢仪式，并把这种仪式继续下去。”

又过了几天，这位年轻帅气的主管去看望他的老板。从某些方面而言，他的老板是个才华横溢的人。但是，他极其难缠，对员工的要求也非常苛刻。

那天，他向老板表达了自己是多么仰慕他的才华以及创作天分，老板听后一脸的诧异，态度也一改往日的严肃。这位年轻主管趁此机会要求老板接受他手里的蓝色缎带，并准许他给老板带上。一向难相处的老板竟然爽快地答应了。

年轻人将他手里的缎带尊敬地别在老板胸前正上方的位置，并将剩下的另外一枚别针送给他，接着问道：“老板，您是否愿意帮我个忙，把这条缎带也送给您心目中认为值得感谢的人呢？这原本是一个小男孩送给我的礼物，我们就是想让大家将这个感谢的仪式一直延续下去，看看究竟会对大家产生什么样的效果。”

晚上下班后，老板回到家中，坐在十四岁的儿子身旁，兴奋地告诉他：“儿子，今天发生了一件不可思议的事。有一位年轻帅气的男同事竟然告诉我，他十分仰慕我的才华以及创作天分，还尊敬地送给我一条带字的蓝色缎带。更夸张的是，他将印有‘我是重要的’字样的蓝色缎带亲自别在了我的外衣上，而且还多送给我一枚别针，希望我也能送给自己心目中所感谢、尊敬的人。

“当我回到家时，坐下来开始思索，我要把别针送给哪一位呢？我首先想到了你，你肯定是我要感谢的人。自从创办公司以来，我每次都很晚回家，回到家里也没有花心思来照顾你、教育你，我作为一个父亲，内心感到惭愧。甚至有时我还会因你在学校的表现不够好、在家里你的房间脏乱而责怪你。

“其实，除了你妈妈之外，你才是我现在最重要的人。好孩子，希望你不要误解，爸爸是爱你的。”

他的孩子刚开始时低着头听他说话，不看他一眼，一脸的无所谓。但是，当儿子听到后面，他的表情变得十分古怪，开始呜咽，接着啜泣，最后竟然哭得无法自制，身体颤抖不已。

他抬头看着父亲，满面泪水，喃喃地说：“爸爸，我刚才还计划好明天要去自杀，在我心中，你除了你的事业，从来都没有爱过我。现在，我发现自己的想法是那么的荒谬，看来，那根本没有必要了。”

心灵直通车：如果一个人一直不被周围的人重视，慢慢就会绝望，自暴自弃，因为他感觉不到爱，认为自己是一个一无是处、没有价值的人。如果他一旦体会到自身的价值，或者从周围感觉到他的价值，他的内心世界就会瞬间变得截然不同。因此，无论何时，都不要忘记和吝啬给自己和别人几分赞许和赏识。

信念的力量

青年是一个美好的而又是一去不可再得的时期，是将来一切光明和幸福的开端。

——加里宁

在纽约一个州，有一位名叫亚瑟尔的年轻男警员，在一次执行任务中，他被歹徒用威力无比的冲锋枪射中了左眼和右腿膝盖。

三个月后，当他从医院出来时，几乎没有人能认得出他，他完全变了个模样：一个曾经那么高大魁梧、双目炯炯有神的英俊小伙，现在变成了一个又跛又瞎、生活几乎不能自理的残疾人。

纽约市政府和其他组织由此授予了他许多勋章和锦旗。纽约有线电台的记者也专门采访他：“您想过没有，以后将如何面对您现在遭受到的厄运呢？”

他说：“我只知道歹徒直到现在还逍遥法外，他一天没有被抓获，我就不会甘心，我要亲手抓住他！”说这些话时，他那只完好的眼睛里透射出一种让人颤栗的愤怒之光。

从那以后，亚瑟尔不顾自己的身体，更不顾任何人的劝阻，积极地参与到抓捕那个歹徒的行动中。他拖着一条腿几乎跑遍了大半个美国，甚至还有一次，为了一个陌生人提供的微不足道的线索而独自一人乘飞机跑到了欧洲。

九年后，歹徒终于被绳之以法，在亚洲某个小国的边境被抓获。当然，亚瑟尔在这次行动中起到了至关重要的作用。

在庆功会上，他再次成为英雄，许多媒体也为此称赞他是全国最可爱、最坚强、最勇敢的警察。

然而半年后，亚瑟尔竟然在自家卧室里割腕自尽了。

在他的遗书中，人们读到了他内心的想法以及自杀的原因：“这么多年来，我活下去的唯一信念就是亲自抓住凶手……现在，伤害我的凶手已经被绳之以法，被判了刑，我的仇恨也算是彻底化解了。因此，我生存的信念也随着这位凶手的归案而消失了。当我真正地面对今天自己的伤残，我绝望了，从来没有一刻像现在这样绝望过……”

心灵直通车：生命中什么都可以缺失，譬如失去了一只看世界的眼睛或者一条健全奔走的腿，但绝对不能彻底失去信念。一个人一旦失去了信念，就犹如失去了目标，他的生活会为此而终止，生命也许会就此而终结。

在等待中领悟

具有丰富知识和经验的人，比只有一种知识和经验的人更容易产生新的联想和独到的见解。

——泰勒

比尔原来在一家大型的汽车美容公司上班。不幸的是，一次突发性的机器故障导致他的右眼被直接击伤，尽管得到及时抢救，但还是没有保住眼睛。医生最后协商，决定摘除他的右眼球。

这次事故之前，比尔是一个待人十分热情、充满了阳光的人，但是现在却成了一个整日郁郁寡欢、沉默寡言的人。

他害怕上街，害怕说话，总是把自己封闭在一个人的世界里，因为他觉得总有很多双眼睛在盯着他，有很多人在谈论他的事情。

就这样，他的休假一次次无限制地被延长，妻子苔丝也由此负担起了家中的所有家务和开支，与原来相比，她在晚上又兼了一份职。自从丈夫出事后，她更加在乎这个家，她深爱自己的丈夫，想竭尽全力让全家人的生活像以前一样。苔丝始终认为丈夫心中的那团阴影会随着时间的推移慢慢消除，这只是个时间问题。

但更糟糕的是，比尔的另一只眼睛的视力也受到事故的影响。在一个阳光灿烂的早晨，他问妻子是谁正在院子里踢球，苔丝这才惊讶地看着心爱的丈夫，又回头看看正在踢球的儿子。在以前，无论儿子在院子多远的地方，比尔总是能一眼看到。

苔丝沉默不语，只是轻轻走近丈夫，慢慢抱住他的头。

比尔说："亲爱的，我知道发生了什么。我现在已经意识到了，不要害怕，有我在。"

苔丝的泪无声无息地流了下来。

其实，苔丝早就听医生预测到会有这种后果，只是她没有想到会这么快，再者是怕丈夫受不了这种打击而央求医生千万不要告诉他。

比尔知道自己将要失明后，一反常态，比原来平静了很多，这使苔丝感到非常奇怪。

苔丝知道，比尔最后能见到光明的日子已经屈指可数了，她想为丈夫留下点什么。于是她每天把自己和儿子都打扮得漂漂亮亮的，还隔三差五地去美容院。在比尔面前，不论她心里有多么的伤痛，总是努力展现自己的微笑。

几个月后，比尔说："苔丝，我发现你最近新买的套裙怎么变得那么旧了？"

苔丝反问："是吗？"

她趁他不注意的时候，躲到一个他看不到的院子角落里，低声痛哭起来。因为她那件套裙的颜色在太阳底下是绚丽夺目的。

苔丝想，自己还能在丈夫的心里留下什么呢？

第二天，家里请来了一个油漆匠，苔丝想把家里的家具和墙壁全部粉刷一遍，让比尔的心中留下一个新家的感觉。

油漆匠工作起来很认真，他一边干活，还一边欢愉地吹着口哨。辛苦地干了一个星期，终于把所有的家具和墙壁都刷好了。其间，他也间接地知道了比尔目前的情况。

油漆匠最后怀着歉意对比尔说：“对不起，我干得有点慢。”

比尔说：“你每天这么开心，我耳濡目染，也为你感到高兴。”

算工钱的时候，油漆匠特意少算了一百美元。

苔丝和比尔说：“你少算了一百美元的工钱。”

油漆匠说：“其实我已经多拿了，一个看似坐以待毙、等待失明的人竟然还能这么平静，你的行为告诉了我什么是勇气。”

但比尔却执意要给油漆匠一百美元，比尔说：“从你身上，我明白了原来作为残疾人同样可以像正常人一样自食其力，靠自己的能力生活得更加幸福、快乐。”

原来，油漆匠只有一只手。

心灵直通车： 一个人的生活状态是什么样的，最重要的是取决于他的内心，而不是外表。纵然，上苍能夺去你的视力，残酷地毁掉你的手臂，但只要你能充满信心、不气馁，努力地去改变世界观和人生观，你就能战胜一切困难和障碍，重新适应新的环境。

欲速则不达

言语是银，沉默是金。

——卡莱尔

布隆伯格原计划在所罗门公司干上一年半载，然后再寻找与制造业相关的工作。虽然从心理上来讲，他认为自己跟这个公司的关系就像是年轻人谈一场“恋爱”，而不是以后的“结婚”。但是，他与所罗门公司的那段“罗曼史”却一直持续了十五年之久，直到有一天，公司把他解雇了，才算是真正的结束。

每次，猎头公司开出高薪准备挖走他时，他都婉言拒绝了。其实，他的内心总是帮他找到一个又一个理由让自己留下来，用所罗门公司暂时的一些新面貌和新气象来说服自己，鼓励自己留下来。

布隆伯格对自己的解释是：“也可能是我本人缺乏勇气去面对新的公司，从而不愿意去尝试新的环境。另外，也许因为我还有一种寻求最佳机会的决心和超人的远见。无论怎样，现在仔细想想，留下总算是一个十分正确的决定——这也是我后来发现的并得到了最终的印证，那不仅仅是在纽约著名的塔利城会议中心，那更是我在所罗门的职业生涯恰好结束的地方。”

当布隆伯格始终不渝地认为他应该会成为所罗门公司为数不多的合伙人时，他却没有得到提升，但他并没有为此失去耐心。这也是保持耐心的最实际的例子（也许是到今天为止，世界历史上一个最好的例子）。

在布隆伯格进入所罗门公司一直到被录用后的六年中，情况一直都是非常不错的。他就是那个人人仰慕的有着金黄色头发的阳光男孩，华尔街上大名鼎鼎的公司中最耀眼的部门里进行最大宗交易的超级明星，甚至还是两个高级合伙人面前的一等红人。他对那些来访的重要客户显得那样的彬彬有礼，微笑地打着招呼，被每家记者奉承着，被有权威的报纸采访，在重大社交活动中装扮着华尔街顶尖实力且最年轻有为的经纪人的角色，这比他脑袋里的传奇般的虚幻人物似乎还要更加传奇。当那些不经世事的淘气鬼们七嘴八舌地坐在一起打赌预测某某将被提名为合伙人并获得巨额奖励时，也没有遗忘他，也被众人列在名单的首位。

钱已经不是问题，他在两年前就已经还清了银行的贷款，目前正过着不愁吃穿的生活，尽管不奢华，但也是被人仰慕的生活。所有的好时光、好朋友、提起来就令人振奋的工作，以及手头大量流动的现金，所有的这一切，他都拥有。

对布隆伯格来说，一个合伙人的威望比世界上其他任何东西都重要。他认为那一刻，相当于在大声向世界宣布自己是最好的，他在最激烈的竞争环境里把自己升到了最高处。

“这个商学院的精英用他自己的聪明才智向所谓的阶梯顶端不停地攀登。我已经有足够的资格去当一个合伙人，现在，我要让公众的心里永远地承认我活着的价值，我本来就是池塘里的一条大鱼。”这种想法一直在他的头脑中闪现，存在于他内心深处的自卑、自恋情结里。但是，毋庸置疑，在所罗门公司中被提名为一名合伙人是他一直追求的“神圣梦想”。

那一天终于等到了。可是，新的合伙人名单中却没有他的名字。大家预期的每一个人的名字都在名单上，甚至那些根本没布隆伯格适合的人都在那张名单上，甚至连那些私下传闻根本没有一丝机会的人都出现在了那张名单上。布隆伯格在事后还痛苦地回忆道：

“这么多人都被接受了，这是事实，然而我却彻底地被忽略，我感觉自己被侮辱了。甚至根本没有人留下来和我共同呼吸、同病相怜，这一切实在是太糟了。我被彻底地毁了。一直到今天，没有一个人解释过我究竟为什么没有被选入。

“泪水在我眼中打转，起初，我根本接受不了这个事实，总以为是在梦中，但当我醒来后，发现一切都是真的。于是，我构想着如何进行疯狂的报复计划，我甚至想直接找个人来问罪。我自言自语，结果冒出的疯话就是：‘我马上就去辞职。’、‘我要杀了那些可恶的家伙。’、‘我自杀算了。’

“我以后该如何见人？他们都会时刻盯着我，在背后悄悄地说我的坏话，还会笑话我。我知道我的确不应该那么清高、那么高傲。

“幸运的是，每天下班后，我有沿着离住处不远的河边跑步的习惯，没有被提名后，我把所有的怒气全部都发泄在那条路面上，而不是公司老板的头上。

“第二天早晨，我一如既往地去上班，并做了自公司创立起到那时为止，公司所进行的数目最大的一笔交易。我是那么的全神贯注，我一直在工作，我一如既往地微笑，我频繁地拨电话号码。我难道真的比其他人都坚强吗？我只是在想，在我没当上这个合伙人前，我起码要和原来一样好，甚至要更好！

“三个月后，在没有提前通知的情况下，公司一反常态，竟然在比利·所罗门的一个办公室里召开了一个计划之外的合伙人的会议。与会者们个个面无表情，一言不发地走了出来。老板杰伊·帕里径直走到我的办公桌前，背对着办公室里的其他人。‘我们协商后，最后决定要让你和唐·弗依尔斯担当公司的合伙人。’帕里说道。”

帕里从未向布隆伯格做过多的解释：关于他们为什么是在那个时候让布隆伯格成为一个合伙人而不是在三个月以前。但是，最重要的一点是，布隆伯格是靠自己那超常人的耐心赢得了最终的胜利——他如愿以偿地得到了自己一直希望得到的。

心灵直通车：人们都渴望着成功，但往往由于内心过分的渴望，成功才变得那么迫切。欲速则不达，说的就是这个道理。生活中，只要我们耐心地坚持走下去，一定会重见光明。相信自己，坚持不懈，那个优秀的你迟早会到达成功的彼岸。

以智取胜

谁虚度年华，青春就要褪色，生命就会抛弃他们。

——雨果

当佛瑞迪还是个十六岁的孩子时，在一次暑假即将来临的时候，他郑重其事地对父亲说：“爸爸，我不想整个夏天什么事情都需要您的帮助，我要找份工作。”

父亲诧异片刻，恢复过来之后笑着对佛瑞迪说：“很好的想法。佛瑞迪，我会尽力给你找一份工作的，但是，你要知道，这恐怕不是很容易，现在正是人浮于事的时候。”

“爸爸，你误解我的意思了，我并不是想要您帮我找一份工作，我要亲自去找。还有，请你不要那么悲观，虽然现在有点人浮于事，但我想，我还是能够找到一份工作的。无论何时，有些人总是有办法找到工作的。”

“你说的是哪些人？”父亲带着怀疑追问道。

“那些会动脑筋的人。”儿子回答说。

佛瑞迪在“招聘启事”专项广告栏上有针对性地仔细寻找，找到了一个与他的专长和兴趣再适合不过的工作，广告上说想找工作的人必须要在第二天早上八点钟准时到达四十二街指定的一个地方。

佛瑞迪并没有正好等到八点钟，而是提前十五分钟就到了指定地点。可他看到已经有年龄相仿的二十个男孩排在他的前面，他已经是队伍中的第二十一名了。

怎样才能引起老板的特别关注从而竞争成功呢？到底应该怎样处理目前的这种状况呢？这是令他头疼的问题。

根据佛瑞迪所说，只要动脑筋思考，就没有办不到的。

因此，他进入了那折磨人的、同时也令人快乐的程序——开动脑筋思考。

一旦真正思考，总是会有想法蹦出来的，佛瑞迪就想出了一个奇妙的办法。他拿出一张纸，在上面写了一段话，然后把它折得整整齐齐，走向秘书小姐，恭敬地对她说：“小姐，麻烦你现在把这张纸条转交给你的老板，这十分重要。”

她是一名经验丰富的秘书，如果他是个看似普通的男孩，她很有可能会说：“你还是等等吧，小伙子。回到你自己的位置上耐心等待吧。”

但是，从神情上看，他不是一个普通的男孩，她的直觉告诉她，这个男孩充满了自信。于是，她把纸条收了下来。

“好啊！”她说，“让我也来看看这张纸条上的内容。”她看后，微笑着站起来，敲开老板办公室的门，然后轻轻地把纸条放在老板的桌子上，并告诉老板这是门口的队伍中一个男孩给他的。

老板看了，不禁大声笑了起来，因为纸条上清晰地写着：“先生，我排在队伍中的第二十一位，在你还没有看到我之前，请不要做出最后的决定。”

佛瑞迪最终会不会得到工作呢？答案是肯定的，因为他早就学会了开动脑筋。

一个肯动脑思考的人总比常人能恰如其分地掌握住问题的要领，也能够巧妙地将问题解决。

心灵直通车：当我们处于不利的位置时，不能认为我们将会一直处于劣势，只要肯开动脑筋，就可以转劣势为优势，战胜占据有利位置的对手。生活中的点点滴滴都需要我们的智慧，只要我们愿意动脑、善于动脑，积极利用我们所拥有的聪明才智，就一定会赢得更辉煌的人生。

不要过分关注

纯粹的、完全的哀愁和纯粹的、完全的欢乐一样都是不可能的。

——托尔斯泰

小时候，有一天，父亲吩咐爱丽娜去一家商店买些食用油。在离开前，父亲亲自把一个大碗交给她，并叮嘱她一定要小心。父亲看爱丽娜没有上心，就严厉地警告："路上要小心，绝对不能把油洒出来。"

爱丽娜点头答应后，按照父亲的交代，下山到城里的商店里买油。在上山返回的路上，她想到父亲的一再叮嘱以及最后那严厉的表情，便一再告诫自己，千万不能出错，不要把油洒出来。爱丽娜越这样想，就越觉得紧张。她小心翼翼地端着盛满了油的大碗，一小步一小步地走在山路上，稍微有点风吹草动，脚就好像颤抖了一下。她更加小心了，丝毫不敢左顾右盼。

但是，无论多么谨慎，不幸的是，就在她马上到家门口时，由于认真盯着油碗，没有看前面的路，结果踩到了一个小坑。虽然自己没有摔倒，可是油却洒掉了三分之一。爱丽娜觉得十分委屈，也非常懊恼，再一想父亲的表情，紧张得手都不听使唤了，一个劲地发抖，再也无法把碗端稳。终于走到家了，但爱丽娜手中的碗里，只剩下半碗油了。

父亲接过装油的碗时，十分生气，他指着爱丽娜的鼻子大骂："你真是个笨蛋！我不是交代你要小心了吗？为什么还是糟蹋了这么多油？你真是气死我了！"

爱丽娜听了非常委屈，开始掉眼泪。这时，母亲听到后，过来问是怎么回事。了解了事情的原委后，母亲微笑着安慰爱丽娜说："不用怕，我再派你去一次就是了。这次，我要你在往返途中多留意周围的人和事物，并且回来后需要交给我一份详细的报告。"

爱丽娜一听，马上要推卸掉这个任务，强调自己一心一意去做，还端不好，更不可能既要端油，又要看风景，回来再作报告了。

但是，在母亲的一再坚持下，她硬着头皮勉强上路了。

在返回的途中，爱丽娜发现山路上的风景别树一帜。远方看到的是雄伟的山峰，近处又有农夫在梯田里劳作，山峰、农夫和梯田相得益彰，别有一番风趣。走了不久，她看到一群小孩子在路边的一块空地上你追我赶，玩得十分开心，而且旁边还有两位白发老人在切磋棋艺。就这样边走边看，一眨眼的工夫，爱丽娜就到家了。当爱丽娜再一次把油碗交给父亲时，竟然发现碗里的油还装得满满的，一点都没有溢出来。

心灵直通车：当你过分在意、尽量避免不好的事情发生时，它反而会让你火上浇油；当你选择置之不理时，会发现它竟然早已消失得无影无踪，因为你的思维过早地剥夺了它所在的舞台。所以，任何时候都不能让那些不好的状况堵塞你的思维，不能让这些不良情绪占据上风，要坚持自己的观点，做自己的主人。

内心的选择

奉承就是从不付出任何别的东西的人经常付出的东西。

——史密斯

安德森，法国现代小说家，他是如何从一个商人转变为一个文学家的呢？世人对此充满了好奇。

其实，在他三十六岁以前，他还是一个成功的商人，但是他一心想当文学家。为此他下决心抛弃家族产业，开始专门从事文学方面的创作，这在当时的世人眼里，觉得太不可思议了，简直是不可理喻的事情。

安德森后来写出了多篇脍炙人口的小说，为此，他被誉为“法国现代文学之父”。

在他的一篇回忆录中，他清晰地描述了自己当初作出抉择的过程：“我的办公室有一扇大门通向大街。从办公室到门口能有多少步？……假如我走出门口，再沿着铁路一直走去，那么，就此消失在那遥远的天边，到底会如何呢？我究竟要到哪里去呢？

“考验我的时刻终究还是到了，在我踏出第一步时，我的秘书正认真地打量着我。我也看了看她，思考着我的存在到底意味着什么，同时，我心中又在否定着什么。我敢直接对她讲出我的真实想法吗？显然，我那时不能说实话，我的思维让立刻我从座位上站起来，对自己说：‘此时不走莫叹息……’

“我转动着脑筋，想找到一种合适的说辞：‘我亲爱的女士，我的想法似乎很愚蠢，不过我早已下了决心，再也不用去操心工作的事了。任何人做都可以，但对于我来说，这是一种折磨。

“工厂就在这儿，你要是想要，就归你了。我断定，这个工厂实在是没有太好的前景。也许将来能赚钱，但赔钱也是有可能的，这些事从此与我无关。现在，我决定要离开了……永远不再回来。

“我和女秘书就这样互相看着，也许我那时的脸色发白，她的脸色可能是由于担心也白了起来，她问：‘您病了吗？’这句话启发了我，此时的我正需要一个合适的理由，其实不是我想，而是别人想。

这时，我忽然生出一个看似狡猾的念头——装成一个‘精神病！’，也许我当时的精神的确有点不正常，法国人一旦见到人做了不可思议的事，就总爱说‘精神病’……

“我要离开现在的岗位，正好拔去刚刚扎下的一点根基。但一想到这片土壤早晚会养不活我这棵想长大的树，我就必须找个理由把自己请出这扇不适合我的门。但我一旦真的迈出此门，别人肯定还会想尽办法把我拉回来。

为了免除繁琐的程序，于是，我也不清楚自己真的是个神经病，还是当时真的患了精神病。我一步步走近女秘书，直盯着她的眼睛，故意阴冷地说：‘其实我一直在长河里重复踏水，现在脚湿了。’我又笑了笑，轻轻走到大门口。

“此时的我不是自愿的，是他们逼我今天犯‘精神病’的。想到这儿的时候，我高兴得有点得意忘形了，回过头说了最后那句糊涂话：

‘我这双脚真的是又冷又湿，也许是在水里太久了，现在，我要爬上旱地出去走走……’

“我沿着一条铁路线一直走去，跨过一座桥，出了小镇，从此走出我以前的日子。”

心灵直通车： 在内心的渴望与世俗的观念产生矛盾时，安德森勇敢决绝地听从了自己内心的真实召唤，从而实现了自己人生的追求和生存的价值。别人的看法能有什么关系呢？无关紧要！他最终获得了成功，这才是最有说服性的事实，关键是，他成为了自己一直想要成为的那类人。

挑战极限

书是一面镜子：如果一头蠢驴往镜中看，你不可能发现里面会映出一个圣徒。

——利希滕贝格

法兰克·贝格是当时美国保险业的推销大王，业内人每每提起他，都对他的工作能力赞不绝口。可是，他最初投身于这一行业时，却是那么的不堪一提，那么的一败涂地。他回忆道：

在我最初面对失败已经到了心灰意冷的时候，一位昔日的朋友推荐我去参加一个他认为很适合我的课程。那次，我们两个人坐在教室的最后面，这位朋友低声告诉我：“我们听的是现在最流行的大众演说课程。”就在这时，轮到一位第一次来上课的学员演讲，他走上讲台，脚手不停地哆嗦，看来是非常害怕，他的这种情况反而提醒了我。我告诉自己：“他和我一样，都是那么紧张、害怕、胆小，我甚至可能比他还要糟糕！”

一会儿，给这位新学员点评的人很快走来，我的朋友立刻向他介绍我，并与他握手相识，他就是赫赫有名的戴尔·卡耐基。

“我想快点加入。”我说。

卡耐基回答：“我们目前的课程已经上了一大半，你最好还是等一段时间，新课程将在一个月内开始。”

“不！我希望现在就加入。”

“很好！”卡耐基先生看了看我，握着我的手微笑着回答说，“那下一个就轮到你来演讲吧！”

一听这话，我立刻紧张起来，和刚才那个学员一样，也是不停地颤抖，事实上，我简直被突如其来的状况吓倒了。然而，在演讲台上，我最终还是说了出来，对我而言，这就是一项空前的最大的成就。因为在这之前，我根本不敢在一群人面前开口说：“大家好！”更别说像今天这样，站在演讲台上，面对整个教室的观众了。

这其实已是三十年前的事了，可是那次演说的情景却像刚刚发生的一样，清晰地刻在法兰克·贝格的脑海中。那一次是他生命的重要转折点，卡耐基说的那句“那下一个就轮到你来演讲吧”的声音，也时常在他耳边徘徊，他将自己现在的成功全部归功于他的恩师——卡耐基。

就这样，卡耐基的一次大众演说课程无意中给法兰克·贝格建立了坚定的自信心，提高了前所未有的勇气，扩大了视野，激发了他的热情，帮助他表达出自己的意愿并努力去说服别人，导致他的推销事业得到了迅速而有效的发展，并最终成为美国保险业著名的推销大王。

心灵直通车：上帝一旦给了你机会，你就要牢牢抓住，不假思索地直接拿过来。根本没必要怀疑自己的能力，更不要容忍内心的那份懦弱，战胜它的法宝就是采取积极的行动。

只有你可以帮你

谁想在逆境中得到援助，就应在身处顺境时待人宽厚。

——萨基

一位老板把自己所有的财产投资在了一个小规模的制造业上。不幸的是，世界大战爆发了，他无法像往常一样取得工厂所必需的原料，因此，迫不得已，他只好宣告公司破产。

在短短的时间里，由一个企业老板变为一个无产者，这令他万分沮丧，接受不了这个残酷的现实。于是，他离开心爱的妻子和儿女，成为一名名副其实的流浪汉。由于他对这次失败始终无法忘怀，而且越来越伤心，到最后，他甚至想要跳河自杀，一了百了。

一个偶然的机会，他看到了一本新出版的名为《自信心》的小人书。这本书给他带来了新的勇气和希望。于是，他决定找到这本书的作者——奥里森·马登，请求他的帮助，让自己能从失败的阴影里站起来。

当他找到马登，动情地给他讲完自己的故事时，马登却对他说："我已经尽我最大的努力，以极大的兴趣听完了你的故事，我也希望我能对你有所帮助，但事实上，我却无能为力。"

他神情凝滞，脸色也立刻变得苍白。他低下头，自言自语地说道："这回我彻底完蛋了。"

马登看了看他，迟疑了几秒钟，然后说道："虽然我没有能力来帮助你，但我却可以介绍你去见另外一个人，他或许可以帮你走出困境、东山再起。"

听完这几句话，流浪汉立刻跳了起来，激动地抓住马登的手，说道："求求您，看在上帝的份上，请带我去见这个人。"

马登什么话也没有说，把他带到一面高大的镜子前，然后用手指着镜子说："我要介绍给你的就是这个人。在这个世界上，只有这个人才有能力让你东山再起。你需要坐下来，彻底地去认识这个人，否则，你只能跳到尼罗河里了。因为在你看清楚这个人之前，对于你或这个世界来说，你已经是个没有丝毫价值的废物了。"

听着马登讥讽的话语，他朝镜子靠了靠，用手摸了摸他那长时间没有修理的胡须，睁大眼睛对着镜子里的人从上到下、从头到脚，仔细地打量了几分钟，然后退了几步，低下头，开始呜呜大哭起来。

这件事就这样过去了。

几天后，马登在街上又碰见了这个人，他与前几天简直判若两人，马登第一眼根本没认出他来。他的步伐不再是沉重的，反而是轻快有力的，头也抬得高高的，从头到脚也打扮一新，看起来是个成功人士的模样。

"我仓皇地走进你的办公室的那天，还是一个想自杀的流浪汉，是你让我对着镜子彻底找回了自己。现在，我已经在一家公司找到了一份年薪三千美元的工作。我的老板还预支了我一部分钱给家人。现在，我又走上了成功之路。"

他还幽默地对马登说："我正准备将这件事告诉你，如果将来有一天，我还要再去拜访你一次，那时，我将带一张空白支票，签好字，收款人是你，由你填上数字。因为是你介绍我认识了另外的自己。更幸运的是，我认识了你，是你要我站在那面高大的镜子前，把真实的我指给我自己看的。"

心灵直通车： 自信心是一个人的事业与活下去的精神支柱、力量支撑，一旦丧失了这种信心，就等于无形中给自己宣判了死刑。只有恢复了自信才能冲破障碍，克服人生中遇到的一切困难，最终到达胜利的彼岸。

一美元电话费

理想是指路明灯。没有理想，就没有坚定的方向；没有方向，就没有生活。

——托尔斯泰

刚刚从哈佛大学毕业的女大学生菲娜前往一家知名的大公司应聘财务会计一职，面试时便遭到面试官当头一棒，理由很简单，因为她太年轻，公司没有精力去培养新人，他们需要的是一位有着丰富经验的会计人员。菲娜听后，并没有失望地扭头走人，而是一再坚持。她对主考官说："请您再给我一次机会，让我参加完这次笔试吧。"

主考官拗不过她，想了想，觉得让一位刚毕业的大学生参加完笔试，也没什么大不了的，就给她一个机会吧。于是，就答应了她的请求。没想到，她竟然顺利地通过了笔试。下一步，由人事部经理亲自进行复试。

人事部经理对菲娜的第一印象还不错，因为她的笔试成绩是最好的。但菲娜后来的一番话却令人事部经理有些失望，因为菲娜是刚毕业，没有经验，唯一的经验就是在学校掌管过学生会的财务。

由于公司不希望找一个没有工作经验的人来做财务会计，人事部经理也只好敷衍她道："你的情况我也了解得差不多了，你先回去吧，如有消息，我会第一时间打电话通知你的。"

菲娜从座位上站起来，向人事部经理礼貌地点点头，然后从口袋里掏出一美元，双手递给他："不管公司是否录取我，请您都打个电话给我。"

人事部经理自入职以来，从未遇到过这种情况，竟一下子蒙住了。他迟疑片刻，很快回过神来，笑了笑扭头问："你怎么知道我是不会给没有被录取的人打电话的呢？"

"您刚才说如果有消息就打给我，言外之意就是说，假如没有录取，就不用打了。"

人事部经理听后，眨了眨眼睛，对年轻的菲娜产生了很大的兴趣，问："如果你没有被公司录用，我还打电话给你，你想知道些什么呢？"

"哦，我想知道自己究竟在什么地方符合你们的要求，在哪方面有些欠缺，我以后好改进。"

"那一美元呢……"

还没等人事部经理说完，菲娜便微笑着解释道："给没有被录取的人打电话不属于公司的正常开支，所以我想自己付电话费，请您一定要打给我。"

"很好！请把这一美元收回去吧，我不用打电话了，"经理笑盈盈地说，"我现在正式通知你，你被录取了。"就这样，菲娜仅用一美元敲开了成功的大门。

心灵直通车：面对直接的或委婉的拒绝，首先要有充分的耐心和坚毅的品格，没有十足的耐心和坚强的毅力是万万不可行的；要表现出自己内心的那种诚信，更要有面对不足的勇气和勇于承担责任的上进心；要具有灵活的思维方式，巧妙地展示自己的优秀品德，这是从事任何性质的工作都不可或缺的。

挖掘潜能

一切假知识比无知更危险。

——肖伯纳

里维伦德·鲍勃·理查德应该是一位成功者，因为他曾在奥运会上夺得过冠军。

理查德获得冠军的秘密就是，只要决定试一试，就马上采取行动。早在他未成年时，就懂得了要实现心目中的目标必须要坚持下来这一理念。

理查德在十三岁时，就下决心将来要当一名出色的运动员。他选择了撑竿跳高项目，练习期间，无论严寒酷暑，他都一直坚持着，直到夺冠为止，训练时间早已超过了一万小时。在这漫长的训练中，他悟出了一个“秘密”——只要希望做什么，你就要下决心做什么，只有这样，你才能真正做到什么。

但是，你或许会提出疑问：“那是因为理查德的身体素质好、四肢发达，这是前提条件，外加有跳高的天赋，才导致他取得成功。”

事实并不是这么简单，我这里所要提出的，就是任何确立了生活目标的人，只要坚持不懈地努力工作，就会取得成功。

那么，让我们看一下一位身体没有理查德那么健壮的运动员的情况吧。

这位运动员叫登普西，生下来右脚就只有一半，右手也变了形，不像正常人的手。尽管如此，在他小的时候，父母就教导他，帮助他树立起了这样一种信念：“我尽管不像正常人，但也是能够做事的，我一定会有所成就的。”

后来，登普西不甘示弱，和其他孩子一样一起参加了学校组织的童子军。他完全不顾身体的缺陷，坚持和正常孩子一起参加一次行程长达十英里的集体野营活动。

当他再长大一点，他便下定决心去打橄榄球。经过反复的练习，他终于牢牢地掌握了复杂的打球技术，并且表现相当出色。于是，他正式提出申请，希望加入新奥尔良的职业橄榄球队。由于名额有限，教练劝他尽量不要参加，而他一再坚持，教练迫不得已让他当了一名候补射手。

起初，他们只不过是想给他一次参与的机会，让他试一试，可没有想到，他的球技竟如此娴熟，动作也是那么的协调，丝毫不比身体正常的球员逊色。登普西的爆发力超强，甚至可以把球踢进远达五十米以外的球门里。于是教练和其他人慢慢接受了他，让他在多次表演赛中出场。有了这些机会，他越踢越好，其中一场竟然得了九十九分。

也许是上天的恩赐，在一场关键性的比赛中，真正考验了他，也赏赐了他。

当时，新奥尔良队只比对手落后一分，比赛也只剩下最后的几秒钟了，全体队员全力以赴，但还是没过线。这时，正巧赶上对方犯规，教练便换上了平时表现优秀的汤姆·登普西来踢任意球。登普西一个猛射，球腾空而起，势不可挡，从五十七米外竟然直飞球门，天呀，中了！就这样，新奥尔良队最终以19：17的成绩一举获胜。

通过理查德和登普西的故事，我们知道“只要确定了目标，再坚持不懈地去实现”这一观念是正确的。人们想做到心里想做的事，就会藐视一切困难，努力去做。而先说自己不行的人，就会永远不行。

心灵直通车：人的志气和才能在很多时候都是深深潜伏起来的，不激发它，它就如睡狮一样，一直朦胧不醒。所以，潜能必须要有外界的东西给予重重的激发。志气一旦被激发，如果再稍稍加以相应的关注和教育，就能发扬光大，否则终将萎缩而彻底消失。志气和才能有灵气，又如光一样，如果人们不小心翼翼地呵护它，就会被狂风吹灭，被周边的黑暗吞噬，并占领你的空间。

事物相互转换

求学如植树，春天开花，秋天结果。

——爱因斯坦

保罗·迪克的“森林庄园”是远近闻名的风景区，那里风景优美，空气清新，让每个去过那儿的人都流连忘返、赞叹不已。葱郁的参天树木成排站立，犹如卫士一样挺拔，五颜六色的花卉争香斗艳，成群的鸟儿在林间欢乐地歌唱。

可是，谁又能想到，几年前还曾经是一片被大火焚烧的老庄园的废墟，今天，竟然变成人人观而叹之的森林呢?

五年前，一场自然的雷电引来了那场山火。瞬间，山火将保罗家世世代代传承下来的“森林庄园”彻底烧毁，变成了一片废墟。保罗为此悲伤不已。但若要重建庄园，需要一笔数额巨大的资金，这对刚刚遭受火灾的家族来说，自然是可望而不可即的。为此，他茶不思饭不想，整日闭门不出，夜不能寝。

祖母获悉此事后，忧心忡忡，她意味深长地开导他说："孩子，庄园被烧毁已经成为事实，这其实并不可怕，可怕的是你从此变得一蹶不振，也因此而毁掉。"

保罗听了祖母的话，一个人细细地品味着。他决定独自走出庄园，清醒一下头脑，静静地思考以后的生活。

当他走到大街上时，发现很多人在一家店铺前大声嚷嚷着，像是正在抢购什么。他连忙凑上前去看个究竟。原来，是一群家庭主妇在抢购木炭，而商店的木炭由于货源不足而供不应求。保罗看见主妇们买走了一箱箱的木炭，脑袋里突然产生了一个好主意。

于是，他雇佣了几名手艺精湛的烧炭工，用了两个星期，把庄园里那些本已烧焦的树木搜集起来，然后加工成优质的木炭，再送到集市上专门的木炭店出售。

结果，他的木炭不到片刻就销售一空，保罗也由此获得了第一笔可观的收入。后来，他仔细规划，用这笔钱买了第一批树苗，重新种在被烧毁的庄园废墟里。

几年过后，废墟就变成了现在这片葱郁的众所周知的"森林庄园"。

心灵直通车：任何事情都有两面性，我们常说因祸得福。事情没有绝对的好与坏，很多人只能看到它的不利之处，而不能挖掘出它的闪光点。只要动用脑筋，学会将这两者相互转化，就没有绝对的好与坏。

一只“自信罐”

无论你怎样表示愤怒，都不要做出任何无法挽回的事。

——培根

我曾经认识一个名叫海伦西格的女人，她善良、热情、大方，做事认真负责，在我心中留下了深刻印象。但是，自从她这几年接二连三地生了三个孩子之后，整个人就彻底变了，变得整天烦躁不安。

她四岁的孩子调皮捣蛋，无时无刻不在吵闹，一岁多大的孩子也整夜哭叫，还有一个婴儿嗷嗷待哺，需要她喂奶……家里被搞得乱七八糟。

那段时间，西格的精神几乎要崩溃了。长时间的劳累加上睡眠不足，使她无法像往常一样以正常的心态去看待周围的世界，她更无法正常地对待自己。每每看到邻家的大嫂带着三五个孩子在快乐地玩耍时，她甚至怀疑自己是不是天生就“低能”——连几个孩子都照看不好，而且还把自己折腾得快要疯掉了。自己以后究竟还能做什么呢？

就在这时，她的一个老朋友菲多娅托人送给她一份礼物，她们已经多年没有联系了，她的心情很是激动，打开一看，里面是一个装饰得十分精致的陶瓷容器，后面不显眼处还贴着一个标签，上面写着：“亲爱的西格，这是一只自信罐，里面有锦囊妙计，需要时请打开。”

原来，罐子里装的是几十个不同形状、用浅蓝色纸条精心卷成的小纸卷，每个小纸卷上都清晰地写着送给海伦西格的一句话。西格激动地小心翼翼地将这些小纸卷打开，只见上面分别写着：

上帝仁慈，她微笑着送给我一件一生中最宝贵的礼物，她的名字就叫“西格”；

我珍惜你的友谊；

我欣赏你的为人、你的执著，还有你的热情；

我希望一生都住在旁边，离你的厨房不超过一百英尺的地方；

你很热情好客，而且特别贤惠能干；

你有大海似的宽广胸怀；

你有一头美丽的飘逸的金色长发；

你是我烦恼时最愿意陪伴我一起在超级市场边逛边聊转上一整天的伙伴；

你无论做什么事都是那么认真仔细，任何时候都任劳任怨；

我真的相信你能做好你想做的每一件事情。

作为朋友，我给你提出两点忠实的建议：第一，当你完成一件觉得有意义也是自己想做的事情时，或者是获得别人的赞许和肯定时，就记在一张小纸条上，随手放在这只罐子里；第二，当你在生活中遇到困难和受到挫折时，或者觉得生活无奈而心灰意冷时，就从这只小罐子里取出几张小纸条来看看……

读到这里，西格被朋友的话深深地打动了。因为她真切地体会到，她正被朋友爱着，正被别人时时刻刻关心着。人活着，都会遇到磕磕绊绊，而困难也只是暂时的，也许现在的表现还很差，但是挺过这一刻，明天仍然是一个令人向往的一天。

从那以后，西格就把这只“自信罐”摆在房间最醒目的地方，每当遇到危险和困难，她就不由自主地伸手去摸一摸。

十五年后，西格创办了一所幼儿园，自己当上了幼儿园园长。

居住在附近的很多家长都愿意把自己的孩子送到这家私立幼儿园，因为她的热情和自信激发了孩子，让孩子们也充满了自信。

因为从这所幼儿园里走出去的孩子，每个人都有了一只属于自己的“自信罐”。

心灵直通车：任何人来到这个世界上，都拥有别人没有的东西，具有自己的独特性。生命仿佛树上的一片叶子，有着自己不可代替的独特性，任何人都无法模仿。你所需要做的，就是找准你的人生轨道。只要自己的“人生轨道”和“事业密码”相吻合，就像一把钥匙对应一把锁，然后慢慢开启，便可以通向成功的大门。

总有那么一种事业，总有那么一样与众不同的东西会让你大放异彩，使你从此变得出类拔萃。只是有很多人，在艰难寻找的旅途中，因为一时的软弱和外界带来的压力，因为自己的气馁，甚至因为杞人忧天的恐惧，便轻易放弃了。

重视自我

如果一个人对待异乡人温和而有礼，那就足见他是个“世界的公民”，他的心不是一个与陆地隔绝的岛屿而是一个与陆地连接的大洲。

——培根

古希腊的著名哲学家苏格拉底在临终前有一个小遗憾——他一直信任的多年的得力助手，居然花费了大半年的时间也没有给他寻找到一个他认为最优秀的弟子。

事情是这样的：

苏格拉底已风烛残年，最后的弥留之际，他清楚地知道自己在这个世界上的时日已经不多了，于是就想考验并点拨一下那位平时一直表现不错的得力助手。

一天，他把助手叫到床前吩咐说：“我这只蜡烛所剩时间已经不多了，所以必须找到另外一根蜡烛继续将明亮照下去。你明白我的意思吗？”

“明白，”那位助手赶忙说，“您的理论和思想的光辉一定会很好地发扬传承下去……”

“可是，”苏格拉底听后却慢慢地说，“我现在需要一位最优秀的传承者，他不但要有杰出的智慧，还必须拥有十足的信心和不同凡响的勇气……这样的人选直到目前为止，我还没有找到。你要多用心，帮我寻找到这个我想要的人。”

“好的，我一定会的。”助手点点头，很温顺、很虔诚地说，“您放心，我一定会竭尽全力去寻找，绝不辜负您的栽培和对我的信任。”

半年之后，苏格拉底的身体状况一天不如一天，眼看就要告别人世，可是，最优秀的人还是没有被选中。

助手非常内疚，他泪流满面地坐在苏格拉底的病床边，语气低沉地说：“我太对不起您了，让您失望了！”

“失望的的确是我，但对不起的却只有你自己。”苏格拉底说到这里，失落地闭上眼睛。他的助手静静地坐在他面前，沉默了许久。

苏格拉底带着对助手的哀怨，喃喃地说：“其实，你就是最优秀的，只是你不敢相信自己，才把重点放在别的地方，把自己彻底地忽略了，甚至可以说，你完全丢失了自己……”

话没说完，一代哲人就这样永远地离开了，离开了他一直深切关注的这个世界。

那位助手十分后悔，这种惭愧的悔意夹杂着深深的自责，一直伴随着他的整个后半生。

心灵直通车：当你觉得你是一块金光灿灿的宝石时，那么，你就是一块价值不菲的宝石。即使还没有征得别人的认可，你也应该理所当然地给自己这样高的评价。其实，每个人都有最优秀的一面，就在于你是如何正确地认识自己，如何深入发掘和重视自己。

罗伊的梦

没有伟大的品格，就没有伟大的人，甚至也没有伟大的艺术家和伟大的行动者。

——罗曼·罗兰

印度人阿兰德哈迪·罗伊一直默默无闻，但是，在她三十八岁那年，她的第一本小说——《小人物的上帝》——出版后，一举成名，成为一名名副其实的作家。这部作品曾荣获英国的布克奖，从而使她在英语文学圈子中崭露头角。

罗伊出生在印度南部，位于克雷拉的叙利亚人聚集的基督教社区。以前，她学过建筑，在开始写她的第一本小说前，也曾从事过电影剧本的创作。

一天，罗伊碰到一位昔日的朋友，这位朋友对友人极其热情，但同时也直率得让人无法忍受。她对罗伊说："我真的替你高兴。你非常成功。其实，我一直在揣摩你的《小人物的上帝》，想这本书到底有什么魔力，在书外究竟又有什么。"

这时，罗伊的脸有点发红，她感到极其不自然，因为她不知道朋友的语气是恭喜还是嘲讽，她不知道自己是否愿意听这位朋友滔滔不绝地继续说下去。

可是，朋友却没有给她插话的机会，接着往下说："在过去的一年中，你可能没有想太多，但是你在无意中却得到了太多——金钱、名誉、大奖、周围人的阿谀逢迎、直接的批评、间接的指责、挖苦的讥讽、真诚的爱戴、仇恨、愤怒和十足的忌妒等。所有的一切在某种意义上，其实就是一个完美绝伦的故事，一切都太神奇了。可问题是，再完美的结局也只能有一个。"

朋友一口气说完这些话，然后用意味深长的目光盯着罗伊。她心里明白，这时的罗伊已经知道她接下来要说什么了。她会对罗伊说："也许今生今世，你都不会再有如此辉煌的时刻了，未来漫长的日子将在一种始终无法满足的状态下度过。这个故事唯一的完美结局只能是死亡。"

其实，不用朋友说，罗伊自己早就想过这个问题了。掌声、鲜花、摄影师、装作对自己的生活饶有兴趣的记者，更好笑的是那些不断向她献殷勤的衣冠楚楚的男人们，所有这一切，都似天上的流星，一闪而过，再也没有机会造访人间。

罗伊问自己："我会一直怀念这些吗？难道我已经变得没有这些就活不下去了吗？难道我变成荣誉收藏家了吗？难道我也会像其他人一样离开这一切就像药物依赖者离开药物一样，会痛苦难耐地活下去吗？"她越想越觉得害怕，名誉如果真的长久与她同在，那一定会彻底地毁了她。

罗伊承认，她的确感受到了朋友所说的那些给她带来快乐的东西，但那只是一瞬间的闪念。因为她明白，一旦对这一切厌倦了，她就可以回家，在家里蹉跎岁月，然后看着自己一天天变老，不再有责任感。在月光下咀嚼芒果，或者偶尔写一两本根本没有人读的书，来品味一下写本无人问津的书到底是个什么感觉。

这一年来，罗伊没有停下脚步，她一直在世界各地走动，从一个地方到另一个地方，但无论停留在哪里，她都会想到自己的家，想自己以后终究会回归的生活。

许多人以为罗伊成名后会移民到西方，有些人甚至直截了当地去问罗伊是否有此打算。然而，罗伊却笑而不答，她认为，家才是自己的归宿，无论到哪里，自己终将会回来的。

生活是她的精神支柱，梦想是她的力量源泉。罗伊告诉自己的朋友，其实世间根本没有她说的完美的故事。就朋友对她个人生活的阐述，罗伊知道，朋友是出于善意，但她也清楚，那只是局外人对自己的看法。

罗伊认为，源自偶然的成功所带来的幸福感或成就感是短暂的，视一时的财富和荣誉这些身外之物为必需品的想法本身就缺乏理智，缺乏想象力。

罗伊对她的朋友说："谢谢你，你可能在纽约住得太久了。其实，生活是五彩缤纷的，还有很多其他的风景。"

罗伊认为，在一些梦里努力是一种斗志，失败亦是辉煌，因为有些荣誉是值得我们去争取的。在某些领域获得一定的承认，并不是衡量人是否取得成功的唯一标准。

心灵直通车：杰出的勇士每天都会全身心地投入到人生的奋斗中，尽管他们面临着一次次的失败。从某种意义上说，他们并不是很成功，但这并不意味着他们就没有成就。唯一值得拥有的梦是在真实的世界里梦想着自己的生活，一旦离开这个世界，梦也会随之而去。生活的梦想就是在一次次跌倒和爬起之后，才变得相对完整的。

被打碎的瓦罐

没有大胆的猜测就作不出伟大的发现。

——牛顿

在一个阴雨绵绵的清晨，绝大多数人由于天气的原因还未起床，而大卫却为即将到来的大学毕业而连续数月东奔西跑地求职。然而，到现在为止，他还没有找到一个愿意接收他的公司。为此，他感到万分沮丧。这天，他心情沉闷，一个人沿着乡间小路散步，思绪迷离。

不知不觉，大卫已经走到了一座离小镇很远的老式土窑前，猛一抬头，他发现了那位近几年才开始从事烧制瓦罐器皿的老人。老人的举动吸引了大卫那迷离的目光。老人大步走到窑前，想都没想，捡起身边的一根铁棍，将一大摞刚出窑的形状不同的瓦罐全部敲了个粉碎。

大卫皱着眉，不解地凑上前去，问老人为何将自己辛苦烧制出的瓦罐全都打碎，而且一点都不心疼。

老人慢条斯理地说："因为火候没有掌握好，烧制出来的都有点小毛病。"

大卫叹了口气，惋惜地说："可是，这花费了您很长的时间和大量的心血啊！"

老人笑笑，长嘘一口气道："这可不假。不过，这没有什么值得惋惜的，我相信，下一炉一定会烧得更好。"老人的口气中透着十二分的自信。

看到老人重新坐在绵绵的细雨中，一切从头开始，态度是那么的认真、动作是那么的细腻，一点一点地重新做起泥坯。他那坚决重新再来的态度和成功在握的神情深深地刺激了大卫——即使全部的瓦罐都被打碎了也无所谓，只要自己心中那份执著的信念不被现实打碎，就不愁做不出令人满意的瓦罐。

默默地，大卫朝着老人深深地鞠了一躬，转身返回家中。他收拾好简单的行囊，坚定地加入前往纽约的打工流中。在一次又一次焦灼的等待之后，在遭受了一次次锥心失望的重击后，大卫终于得到了他的第一份工作——在一个大的建筑工地当一个无名的小工。

数年后，大卫经过不懈的努力，拥有了一家颇具规模的公司，拥有数百万的资产。

心灵直通车： 在生活中，总会遇到不同的失败，这时，只要咬紧牙关，叮嘱自己：不怕，我还有一件十分宝贵的东西，那就是宁折不弯的信心，它紧紧地跟随在我的身旁。我就会在艰难中被赋予一股神奇的勇气、一股无所畏惧的力量，让我感觉脚还是实实在在地踏在土地上，流动的血还是澎湃的，前方的路依然是光亮的。忍下去、走下去，用那不肯服输的双手打拼出来的，一定是一个令旁人无比惊讶的新世界。

信念之灯

人的全部本领无非是耐心和时间的混合物。

——巴尔扎克

吉尔·金蒙特的一次意外改变了她原本规划好的生活方向。

十八岁的金蒙特已经小有名气，是全法国青年中最受喜爱、最有名气且最有前途的年轻滑雪女运动员，她的照片曾被大量用作《体育画报》杂志的专版封面。金蒙特当时也是满腔热情、踌躇满志、全力以赴为即将到来的奥运会预选赛做着积极的准备，大家也一致认为她是最有可能获得冠军的选手，最后一定能取得成功。

那时，金蒙特心中唯一的目标就是摘取奥运会金牌。然而，不幸的是，一场突发的悲剧使她的愿望瞬间化为了泡影。在奥运会预选赛上，那是最后一轮比赛，金蒙特准备就绪，像平日一样沿着被大雪覆盖的罗斯特利山坡开始往下滑。那天的雪道似乎特别滑，刚开始几秒钟，就发生了意想不到的事故。金蒙特身子一歪，失去了重心，而后彻底失去了控制，就像一匹脱缰的野马，撒着欢一个劲儿地往下冲。她竭力挣扎着，想摆正姿势，可无济于事，她失去了控制，接二连三的跟斗把她无情地推下山坡。在场的每个人都睁大双眼，惊叫着注视这一幕，心都卡在了嗓子眼。

当她停下来时，已经昏迷不醒。医护人员立即把她送往附近的医院抢救，虽然最终保住了性命，但她双肩以下的身体却永久地失去了知觉，完全瘫痪了。

金蒙特知道，活着的人只有两种选择：要么奋发向上，要么一蹶不振。她选择了前者，因为她对自己的能力一直坚信不疑。她千方百计使自己从失败的痛苦中摆脱出来，去从事一项有益于公众的事业，以重新建立新的生活。

几年来，她整日在手术室、理疗室和轮椅间周旋斗争，病情时好时坏，但她从未放弃过对自己有价值、有意义的生活的不断追求。

历尽艰难，她学会了打字、操纵轮椅、用特制汤匙独自进食。她还在加州大学洛杉矶分校选听了几门课程，为今后当一名教师做准备。

当一名教师，对于下身瘫痪的她来说，的确是不可思议的，因为她既不会走路，又没有学过师范专业。尽管她向教育学院一再提出申请，但学校系主任、学校顾问还有保健医生都认为她根本不适合当教师。录用教师的标准之一就是能上下楼梯走进教室，可她目前做不到。但此时，金蒙特唯一的信念就是要成为一名出色的教师，任何困难都无法动摇她的决心。

后来，她如愿以偿地被华盛顿大学教育学院聘用。

进入学校后，由于教学方法独特，她很快便受到了学生们的尊敬和爱戴。她对那些对学习提不起兴趣、上课也总是心不在焉的学生，总有着自己独特的办法。她向本校的青年教师传授自己的经验："这些学生并不是不可救药，他们也有自己所热衷的东西，只不过和一般的学生有些不一样而已。"

金蒙特由于在校表现出色，终于在入职后不久获得了教授阅读课的正式聘任书。由于她酷爱教学工作，学生们也极其喜欢她，师生间经常打成一片，他们互相帮助、互相学习、共同进步。后来，由于她的父亲去世了，全家人迫不得已搬到曾拒绝她申请当教师的加利福尼亚州去。

她向洛杉矶学校提出申请，可一听说她是下身瘫痪的残疾人之后，学校就委婉地回绝了她。金蒙特非常气愤，但她不是一个轻言放弃的人。于是，她决定向洛杉矶地区的所有教学区（当时有九十个）逐一提出申请。当申请到第十八所学校时，已有三所学校提出愿意聘用她。学校还针对她的轮椅状况，对她要走的一些道路进行了改造，以便让轮椅顺畅通行。这样，从家里自己坐轮椅到学校，就不会有任何障碍了。另外，学校还为此破除了教师一定要站着授课的规定。

从此以后，金蒙特一直从事教师职业。暑假里，她还主动访问了当地的印第安人居民区，给那里上不起学的孩子补课。

很多年过去了，金蒙特从未取得奥运会金牌，但她的确得到了另外一枚，那是为了肯定她的教学成绩，而专门授予她的一枚金牌。

心灵直通车：要想取得成功，除了要有坚强的意志，还要有坚定不移的信念。信念会产生巨大的推动力，可以使你完成别人认为根本不可能做到的事情。信念不是自然而然生成的，它是我们从过去的某一刻心灵悸动或是从某些人生经历中累积而成的，它是我们向前进的行为指南针，指出正确的人生方向，决定人生的品质，使其有一个质的飞跃。

标杆的指引

时间是我的财产，我的田亩是时间。

——歌德

在美国的一个小镇，有一个黑人家的小孩名叫约翰·富勒。

一天，他突然心血来潮，出人意料地冒出一句话："妈妈，为什么只有那些白人才能住那么大的房子，而我们一家几口只能住在现在这又破旧又狭小的木造公寓里呢？为什么那些白人每天可以开着豪华的大轿车，而我们每次出门都毫无选择，只能搭乘肮脏且拥挤不堪的地铁？为什么人与人之间有这么大的区别？为什么那些白人顿顿都可以吃令人垂涎三尺的牛排、火鸡，而我们家连温饱都难以实现呢？妈妈，是不是因为他们的肤色与我们不同？他们是白色的，是所谓的白人，而我们是黑乎乎的黑人，所以上帝才会给这两种不同肤色的人这么不公平的待遇呢？"

约翰·富勒的母亲是一位见多识广且有智慧头脑的黑人女性，生活中尽管有太多的无奈，但是，面对着眼前这个稚气未脱、对一切都充满了好奇的孩子，她充满慈爱、温柔地回答道：“不是这样的，亲爱的孩子，我们的上帝对每个人都是公平的，他不会因为肤色不同而歧视我们。我们家现在之所以会这么穷，最主要的原因是你有一个从来都没想过要让自己变得富有的爸爸。”

母亲一番语重心长的话犹如一针清醒剂，瞬间就让约翰·富勒那颗幼小的心灵开了窍。他彻底明白了——贫穷不是黑人的专利，它一点都不可怕，可怕的是自己一直甘于贫穷而不愿意改变的观念，而这种可怕的观念会顺理成章地遗传给下一代。

也就是从那一天起，约翰·富勒比他任何一个兄弟姐妹都更加地刻苦学习、努力工作。从五岁起，他就开始运用智慧，做一些自己力所能及的可以赚钱的工作。九岁时，他就可以利用闲暇时间帮人家放牛赚钱。对于约翰·富勒来说，他的梦想就是摆脱贫穷，努力做个有钱人。他从未放弃过这个念头。

约翰·富勒长大成人之后，拥有着超于常人的工作经验。凭借他积累的丰富经验和不同的阅历，约翰·富勒在很短的时间内接二连三地收购了七家公司，其中包括四家著名的化妆品公司、一家中型的制糖厂、一家标签公司，另外还有一家报社，这些都为他事业的成功奠定了坚实的基础。

不难看出，约翰·富勒的成功，一方面受益于一个母亲的智慧引导，另一方面则是自己的观念，再加上自己后天持之以恒的不懈努力。多方面综合起来，最终让自己的梦想变成现实。

心灵直通车：志向像一个标杆，指引着人们前进。工作随着志向走，成功跟着目标来，这是重要的规律。其实，立志就像事业的大门，工作就像登堂入室的旅程，在旅程的尽头欣赏到的风景就是结果，这个结果，就是取得的成功。

轨道的起点与终点

劳动和科学是世界上两种最伟大的力量。

——高尔基

杰西艾玛是一位刚刚丧偶的中年女人，自从丈夫去世以后，她一直郁郁寡欢、沉默不语，觉得一切都无所谓，对生活也提不起兴趣。

有一天，她看到很多人在附近一块空地上为即将到来的马拉松大赛练习。也许是最近的生活太抑郁，不知怎么，她的某根微小的神经忽然动了一下，不可思议的是，接下来，她竟然做了自丈夫入土后的第一件有“生气”的事情。

她利索地穿上运动衣，认真系好鞋带，也加入了马拉松大赛的练习。

她的一对年轻儿女和年迈的父亲看到她细微的变化后，开始关注这件事，他们为她高兴，并不停地开解她。

但是，大家都心知肚明的是，她的投入似乎有点不知天高地厚，因为从体力上来讲，她是根本跑不到终点的。但是，只要她愿意，能跑出第一步，全家人就会很开心，因为大家都知道她这样做便意味着对生活有了新的激情。

大家都期待着那场马拉松比赛。

终于，比赛开始了。

那一天，一家人都去凑热闹，从早上开始，一直到下午，该跑到终点的人都跑到了，就是跑不到的人也都陆陆续续地在中途停下来补充点水分和食物，或是跟着看热闹的家人一起回去了。

只有杰西艾玛，她的家人一直没有见到她回来的踪影。他们向维持赛事的警察求助，也没有任何结果，只好亲自跑到马拉松比赛的终点一看究竟。

而这位艾玛女士，在围观的人群全都散去时，仍然没有放弃，依旧拖着疲惫不堪的身子一步步咬着牙跑向终点。

一些路人正在纳闷，马拉松比赛早已结束，却看到她还在黑夜的路上不堪重负地坚持慢跑。人们担心她会出事，便把她的这种行为打电话汇报到转播比赛的电视台去。

结果，当她气喘吁吁地跑向终点时，她的家人、电视台的记者和一群围观的人兴奋地跳起来，全都伸出大拇指在旁边为她加油喝彩。

在艾玛的一生中，她最大的愿望就是和丈夫相互扶持、白头偕老，但丈夫竟然提前离她而去了。

她的精神备受打击，感觉自己的人生终点也随着丈夫的离去到达了终点。她不想再前进，因为她觉得自己像失去了翅膀的小鸟，脱离了人生的轨道。但是，自从和大家一起开始练习马拉松后，她仿佛重新走上了轨道，跑上了自己剩下的路程，也从此开始了新的体验和勇敢的考验。

她清楚地认识到，她失去的是丈夫的生命终点，而不是她的人生终点。而她，一定要重新跑到自己的生活轨道上，重新开始自己生命的起点，不管以后的路程是如何的孤单、黑暗、艰难险阻。

杰西艾玛虽然是“最后一名”，但却是自己人生马拉松比赛上的“第一名”。

杰西艾玛在接受电视台记者访问时说：“我的一生经历过很多大大小小的失败，但是，我都挺过去了。现在，我称它们为走路时的‘绕道而行’。虽然当时的我万分沮丧，但我最终没有放弃。在‘此路不通，绕道而行’的途中，我选择另谋新的出路，因为我根本不相信那些所谓的‘死路’。”

心灵直通车：人生的终点，确实不是都掌握在自己的手中。但是，只要我们在到达那一点之前，凭着自己内心的“自由意志”，就可以在人生的跑道上，画下专属于自己的起点。只要我们不放弃、不气馁，一直坚持在轨道上，我们就绝对不会是“最后一名”，而将会是“第一名”。

信念根植于心

你若要喜爱你自己的价值，你就得给世界创造价值。

——歌德

罗尔斯由于从小受生活环境的影响，和生活在那里的孩子一样，有着很多不好的习惯：口出秽语，还尤其喜欢恶作剧，喜欢逃课、打架……这一年，学校来了一批新老师，刚上任的保罗就是其中一位。刚开始，他煞费苦心地一一劝说这群孩子，然而却像对牛弹琴一样，一帮孩子一哄而散，一点效果都没有。

保罗很无奈，但他实在不甘心任由孩子们这样发展下去，最后一点改变也没有。于是，他想出了一个没有人想到的绝妙方法。

他知道，生活在这里的村民都非常迷信，经常会给孩子看命。于是，在上课时，保罗给孩子们看起了手相。起初，这些孩子们都拉长了脸，显出一副不高兴的样子。后来，由于看到保罗对每个同学的手相推测，一个个不是将来成为地位显赫的贵族，就是财大气粗的乡绅，因此，孩子们很好奇，各自揣测着自己的命运，于是对看手相欣然接受起来。

罗尔斯听到同伴们讨论自己的命运有多么的好，也按捺不住好奇心，将手伸向了保罗。保罗看着罗尔斯，煞有介事地拿起这只黑乎乎的小手，擦了又擦，仔细研究了很长时间，然后像模像样地说道："你的手相真不错呀，以后最起码会是咱们国家一个州的州长。"

"您说的是真的吗？我将会是一名州长？"罗尔斯简直不敢相信自己的耳朵，他充满疑惑地望着老师。从那以后，他便在心里默默地确立了自己将来能当州长的信念。

也就是从那天起，罗尔斯彻底改掉了自己身上的种种恶习，或许在他的世界里，认为一个真正的州长就应该像自己改掉恶习后的样子。一直以来，他心中的将来能当州长甚至更高的官员的念头从未有过丝毫的动摇，自始至终，他一直朝着这个目标奋斗着。

直到他五十一岁那年，罗尔斯才登上了美国纽约州第五十三任州长的位置。而且，他也是有史以来，美国历史上当选的第一位黑人州长。

心灵直通车：如果一个人对自己有足够的信心，那么他就能克服一切困难，创造出奇迹！正如著名的马尔登博士所说："只要相信自己并为自己喜爱的事业而努力奋斗，成功就一定会如期而至。"

只要把自己坚定的信念牢牢地根植于心，就能克服一切困难，理想也最终会实现。

坚信自己的追求

成功的科学家往往是兴趣广泛的人。他们的独创精神可能来自他们的博学。多样化会使人的观点保持新鲜，而长时间钻研一个狭窄的领域则易使人愚蠢。

——贝弗里奇

那是1943年，也正是第二次世界大战的中期，著名学府牛津大学的校园里到处弥漫着烟火的气息。在校的大学生们无暇顾及学习，都不可避免地为能够打败德国而尽自己的一份力量。他们从事着种种令人激动又具有神秘感的活动，一个个都成了间谍，学习倒是成了无关紧要的任务。

但是，大环境并没有动摇撒切尔·玛格丽特去牛津大学求学的决心。就在玛格丽特刚迈入十七岁的时候，有一天，父母找不到她，原来，她竟然跑到牛津大学新来的女校长古利斯小姐的办公室。她请求道："校长，我想上牛津大学，我想现在就去考你们学校的萨默维尔学院。"

女校长看了着她，皱着眉头说："你说什么？你不会是生病了吧？你连一节正经的拉丁语课程都没有学过，你靠什么考牛津？"

"拉丁语我是不会，但我可以学啊！"

"你现在才十七岁，而且还有一年才能高中毕业。依目前的状况，你必须先毕业，才能考虑上牛津大学这件事。"

"我可以立即申请跳级。"

"这样绝对不可以。"

"校长，你这是在阻挠我的理想！"玛格丽特气冲冲地头也不回地就冲出校长办公室。

回家后，她的第一件事就是耐心地向父母讲述自己的想法，说服明智的父亲，并得到了父亲的支持。从此，玛格丽特开始了刻苦的学习，竭尽全力准备备考工作。

由于她从小喜欢动手，又深受化学老师的影响，同时又进一步考虑到在大学校园学习化学专业的女孩子比其他任何学科少很多，那么，竞争程度也就小了很多，考中的几率就相对比较高。如果选择文科的某些比较热门的专业，竞争也就会变得十分激烈。综合考虑，她选择了冷门的化学专业。于是，在提前几个月获得高年级学校颁发的合格证书后，她就顺理成章地参加了牛津大学的考试。经过几个月的耐心等待，最后，她终于如愿以偿地等到了牛津大学化学专业的录取通知书。

心灵直通车： 如果你确认自己是块金子，那么就要对自己充满自信，积极地闪烁自己的光芒，而不是坐着等待行家来发现自己。只要你肯努力，只要你向着心中理想的目标一步步迈进，那么，就没有什么能够阻挡你向理想迈进的脚步，你也就会很快实现心中追求的梦想。

运用你的智慧

过于求速为做事，是最大的危险之一。

——培根

19世纪30年代，在美国加州的某个闭塞的小镇上，有一位年轻但是性格胆小而怯懦的小伙子，他的名字叫约翰逊。

从懂事开始，他和父母就一直住在这个小镇上，过着风平浪静的生活，从未与周围人有过任何矛盾，哪怕是一次小小的争执。每每提起他，人们唯一能想起的令人激动的事，就是他与这个镇上一个小旅馆老板的女儿——那个善良的姑娘玛丽——的一段恋情。

小镇不大，老实的约翰逊与旅馆老板的女儿玛丽的交往，对小镇上的人来说，是公开的事实。而熟悉他们的每一个人，每每提到他们两个人，也都赞不绝口，一致认为这两个年轻人一定很快就会结婚。

这两个人的浪漫生活，却在一个外地来的魁梧大汉住进玛丽家的小旅馆后，发生了翻天覆地的变化。

镇上的人从此再也看不到玛丽和约翰逊的亲密约会，反倒时不时地看见玛丽与那个外地来的彪形大汉在一起的身影。

怯懦老实的约翰逊有好几次都鼓起勇气，想和那个外来的大汉认真地理论一番，让他别再骚扰玛丽，却总是在紧要关头打了退堂鼓。

不是冤家不碰头，无意间，约翰逊竟然与彪形大汉在小旅馆旁的巷子里碰面了。

彪形大汉也认出了约翰逊，他肆无忌惮地冷嘲热讽着胆怯的约翰逊。约翰逊刚准备还嘴顶对方两句，可是话一出口，就感到一阵眩晕，什么也不记得了。

当他醒来时，竟然发现自己躺在旅馆巷子里湿冷的地上，耳中嗡嗡作响，似乎还传来外地大汉那刺耳的笑声和玛丽的嘲讽。

自那一天起，老实的约翰逊似乎像消失了一样，每天都不见踪影。大家以为肯定是因为胆小怯懦而且老实的个性作祟，他从此再也不敢在强悍的情敌面前出现，只好避而远之。

但是，却没有任何人知道，约翰逊自那天开始，便躲在家里钻研起一项新的学问。

一段时间过去了，老天不负有心人，约翰逊的钻研颇有成就。他神不知鬼不觉地在旅馆的一只玻璃杯上采到强悍的情敌的指纹，并把它送到大城市的警察局里。

又过了一段时间，经过警长的比对，出人意料的是，约翰逊的想法得到了证实。那个从外地来的情敌果然不是好人，他是全国正在通缉的头号重犯。

根据约翰逊亲自送来的指纹，警长没有费吹灰之力，便逮捕了那名彪悍的通缉犯，随后依照法律将其送上法庭，电椅处死。

而人们心目中懦弱的约翰逊也改变了很多，变得神秘莫测。由于他对指纹学深入透彻的钻研，受到国家联邦调查局局长的重用，从此成为一位神秘的探员。

后来，据周围人说，他的新工作让他神出鬼没，忙得无暇回到自己一直居住的偏僻小镇，更别提接受旅馆老板的女儿玛丽的那份回头感情了。

心灵直通车：赌场失意，情场得意。上帝若是真的关上了你的一扇门，肯定会为你另开一扇窗！这是众所周知、耳熟能详的俗语。在情场一败涂地时，或许正是上帝垂青，让我们的事业赢来一个新巅峰；而某一次职场上的失意，亦可能是我们重拾起天伦之情的最佳契机。

第二章

Part2

改变想法：逾越一个微笑的距离

一味的模仿

一个能思考的人，才真正是一个力量无边的人。

——巴尔扎克

一次，两个法国人外出旅游，半途中遇见两个犹太人，结果四人就商量着结伴搭火车旅行。

法国人一向很单纯，刚到火车站，两人各自买了一张票；而犹太人太会精打细算，两个人只买了一张火车票。法国人见此情形迷惑不解，就问犹太人："你们两人只有一张票，等到列车长前来查票时，你们该怎么办呢？"

两个犹太人对视了一下，神秘地笑而不答。上火车不久，便传来列车长叫嚷着准备查票的声音，只见两个犹太人同时挤进一间厕所内。

列车长开始查票，来到他们所在的车厢时，在厕所前停下了，敲了敲厕所的门，大声说："请出示车票看一下！"

门开了一条小缝，伸出一只手展示车票。列车长做梦也想不到，一间厕所内，竟然会躲着两个人。

他看了一眼票，说道："嗯，好了，请收起来吧，谢谢！"接着就把票从门缝中塞了回去。

很快就到了目的地，四人结伴玩得非常尽兴。当踏上归途再次买票时，两个法国人心想："其实早上来时，犹太人的方法还真是妙不可言……"

于是，他们经过很长时间的讨论后，决定也买一张票，而轮到犹太人时，只见他们摇摇手，说这次根本就不需要买票。

上了火车，两个法国人都盯着犹太人，期待着犹太人这次能有什么更好的方法。这时，列车长又来查票了。

法国人也无暇顾及犹太人的新招式，两人一起急匆匆地钻进了一间厕所。

两声"哐哐"的敲门声，犹太人用力敲了几下厕所的门，门像有感应似的应声而开，一只手拿着一张车票，从门缝的间隙中伸了出来。

犹太人说："嗯，谢谢——"

两个犹太人顺手拿着票，立刻扭头，大摇大摆地往前一节车厢的专用厕所奔去。

心灵直通车：模仿固然重要，它是学习的开始，但每个人由于其生长环境、人格特点、人生经历有所不同，若是不能全然诠释对方成功过程中的主要观念，而只是一味地抄袭沿用那些肤浅的想法，添鸭似地去学习一些皮毛，往往会遭遇挫败。只要人们多用一点儿耐心，埋下头来，详细而深入地搜集学习的相关资料，再加上对人的细心观察、认真研究与用心判断，以及成功的态度、技巧和信念，就能确保自己不会误入歧途，掌握最佳的学习模式。

汲取失误的经验

没有一种不幸可与失掉时间相比了。

——屠格涅夫

古埃及新上任的国王胡夫在自己的宫殿里举行一场盛大的国宴，厨师们全都准备妥当，为宴会上的饭菜忙得团团转。一名年幼的小厨工慌忙中不慎将一盘刚刚炼好的羊油打翻在了灶台边。他怕被领班怪罪，想尽快打扫干净现场，就急匆匆地用手把混有羊油的碳灰一点点地捧起来，全部扔到了厨房外。扔完后，立刻回来洗手，水冲到手上，竟然感觉到一种滑溜溜、粘糊糊的东西，而且洗后的手显得格外干净。

小厨工发现了这个秘密，便悄悄地把刚扔掉的羊油碳灰又捡了回来，以供厨房人员洗手使用。结果，每个厨工原来油乎乎的手现在都洗得又白又净了。

后来，这个秘密传到了国王胡夫的耳朵里，便盘问起来。小厨工只好如实道出事情的原委。国王胡夫抱着怀疑的态度试用后也赞不绝口。很快，这个无意中的发现便在整个埃及上下推广开来，并迅速传到了邻近的希腊。正是源于这个发现，人们才研制出了现在流行于世的肥皂。

在法国，亚特兰大大都市有一个名叫潘伯顿的人，他被当地人认为是一名业余的药剂师。

他以柯树叶和柯树籽作为基本原料，经过反复的试验，调制出一种可以使大脑兴奋的健脑药汁。这便是早期上市的可口可乐的原形。

但那时，可口可乐在全国的销量很低，因为没有几个人愿意品尝它，潘伯顿为此十分着急。

有一天，一位头痛不堪的病人请求医生给她服用一种健脑药汁。不巧的是，店员在配药时，由于粗心，本应当向瓶内添加自来水，却错误地将苏打水代替了自来水。

病人一饮而尽。待店员醒悟过来时，药汁早已进入病人的肚子。正当店员担心会产生不良后果而感到束手无策时，病人却赶来答谢他，说他配的药汁效果很好，服下后，有立竿见影的效果，头痛很快就止住了。

店中众人长出了一口气，连声称赞“妙”。

潘伯顿为此颇受启发，他立即往平时用的健脑药汁中添加了一定量的苏打水，并在“包治神经疼痛等百病”的广告语上，又添上了一行“醇香可口，不但益气而且提神”等醒目的赞语。

于是，可口可乐就奇迹般地从普通药物摇身一变，成为现今风靡世界的大众饮料，其销量与知名度也与日俱增。

法国一个印刷厂的工人，在生产制作书写纸时，一不留神弄错了生产配方，因此生产出了一大批根本不能用来书写的废纸。为此，他不仅被扣工资、罚奖金，还差点遭到老板的解雇。

正当他沮丧时，一位朋友提醒他，让他再仔细想想，看能否从上次的失误中找到一些有用的东西。于是，他很快总结出，这批纸虽然不能用来做书写用纸，但是吸水性能却是非常好，如果用来吸干器具上的水，是再好不过的选择了。

于是，他将这批废品纸切成一个个的小块，取名为“吸水纸”。不久后，他将这种吸水纸投入到市场，立刻引起了轰动。这种纸非常抢手。后来，这一情况令很多人眼红，他怕别人抢占市场，便去申请了专利，成为吸水纸的创始人，也由此带来了很多财富，成为一名大富翁。

这样的故事在我们身边多得不计其数，有些人每每遭遇一次偶然的失误，就万分沮丧，只感叹和抱怨自己实在是晦气，而有些人却能充分利用这种不幸，吸取教训，总结出经验，为自己服务，化不幸为万幸。

心灵直通车：错误是一个很特殊的老师，也可以说，错误是一种积累宝贵经验的过程，是引向正确的先导。错误的结果也并不都会变成废物或一种恶果，有些错误导致的结果是可以有效利用的奇妙宝贝。因此，面对错误，我们没有必要怨天尤人，要善于从中汲取有利成分，从而化失败为成功。

快乐源自内心

要跳得更远，必须先退后一步。

——蒙田

公司内部进行了大调整，由于人事和工作的变动，吉妮很长一段时间以来，情绪很低落。最近，她参加了一个由合作医院赞助的心理课程，内容与她的同事杰夫曾经劝过她的类似。吉妮这才真正地认识到，自己长期以来的强烈情绪都是源于没有完全清楚地认识自己。她终于明白了，为什么遇到问题时，第一是需要冷静，其次才是付诸行动。而她恰好相反，向来是先无故发脾气，然后再想方设法抚平强烈的情绪。

结束了第一天的课程，回到家，吉妮就和自己两个正值青春发育期的孩子一起分享她的体会。没想到，两个孩子却异口同声地回答道：“妈妈，其实我们早就提醒过你很多遍了，只是你从来都没有听进去过。”

吉妮有点不高兴，脸拉得很长，她本不想承认，然而孩子们没有说谎，这是事实。于是，她低下头坦诚道："我知道你们说的没错，可是，我以前根本不知道自己竟然还可以选择。对我而言，你们这些什么都不懂的小毛孩根本无法了解身在职场的奔波，还有那种身兼重任的感受，又怎么能领悟到我的所作所为呢？"

吉妮所在的部门经过人事精简后，情况变得越来越好，即使目前仅剩两个普通技师、三个值班经理，却比以前更有效率、更有条理。过去，部门的每一个员工都习惯等待上司做决定，尽管很多情况与上司的工作根本没有直接的关联。

而如今，他们每个人就如同一个智囊星，工作如何进行、如何更好更快地完成，自己都可以直接做决定，也能够很好地掌握变数。至于其他零零总总的任务，也根本不需要费神，就可以顺利完成。

一切似乎都变得那么顺利、自然，超出了他们的预料。他们的工作环境每天都很和谐，大家相处得也融洽了，也能和每个患者及医院的大小员工和和睦睦、诚挚相处，还适时提供更体贴、更温馨的服务。

吉妮讲到自己现在的种种改变："我原本特别害怕这种感觉，我想我会很快离开，可是，结果却越来越不想离开。上课时，我鼓起勇气站起来和大家一起分享自己的体验，可是，一旦真的这么做，我就会哭得无法控制。我不是因为难过，而是喜极而泣，这种感觉似乎只有在分娩的那一刻才会发生——一种自然的喜悦。"

医院里参加学习的部门主管说，医院一直承诺要大力促进院内人际关系更加和谐，吉妮的改变也正是管理部门乐见其成的。尽管在以后的日子里，要想说服管理部门将此类培训当作一种长期规划似乎有点难度，但无论如何，这些课程的的确确鼓舞了人员的士气、增进了人员间的沟通，还有效地提高了员工的工作效率。这家医院目前正筹划着把这些课程竭尽所能地扩大到全省所有的社区，并且也要求政府、中小企业和大小学校推广类似的课程。

把这种理念真正地与实际相结合，再运用到生活中的点点滴滴，需要花很长一段时间，肯定不会是一蹴而就的。但不管怎样，当一个人的心理改变了，他就会将这种乐观的情绪反应并感染给周围的人。

吉妮在没有接触这些之前，杰夫的态度肯定也影响了周围的很多同事：开会时比以前更加融洽、人人都充满了创造力；大家彼此间也很容易意见统一，很快达成共识。一旦一群情绪激动的人的态度发生改变，那么必定会影响一个团体的组织文化。

心灵直通车： 人类总有一些潜在的渴望。然而很多人在日常的工作中有意或无意地就放弃了这种所谓的希望，所以有时候，他们感受不到喜悦。

其实，只要真正地了解快乐源自于内心，而非上司的主观臆测或同事的间接要求，那么，我们就会发自内心地感到自在。这正如现实中的吉妮，从抱怨所在管理组织的蛮横霸权到重新改观，内心已经发生了变化。

轻松应战

如果有什么需要明天做的事，最好现在就开始。

——富兰克林

凯茵在被网球俱乐部的队员莎莉击败时，惊慌失措、羞愧无比，因为她知道，莎莉的技术很差，和自己根本不是同一级别的，更不是自己的对手。

比赛结束后，一位球员感叹：“哇！莎莉在不久的将来，一定会是这个俱乐部的希望，一颗明日之星。”

“不，她其实并没有那么好。”凯茵不由自主地感叹，“是我击败了自己，因为我当时有些心不在焉。”

凯茵是个技术扎实、实力很强的运动员，不论是百米游泳还是水中冲浪，都比同俱乐部的其他成员表现突出。而在网球方面，她更是领头羊。去年，她赢得了好几项比赛冠军，可以说是风光无限。但充满讽刺意味的是，她当时是以轻松应战的心态去面对，并没有全力以赴。

上次过生日时，凯茵还用了传统的塔罗牌占卜自己的流年运势，结果显示今年将会是个“好运年”。因此，凯茵这么想着：去年轻松应战，只是随便参加，就取得了不错的成绩，我要是从现在开始加倍努力、刻苦练习，从此全身心地投入，今年不就能取得更优秀的成绩了吗？换句话说，凯茵认为这是更上一层楼，自己在未来一年的网球比赛里，肯定能稳操胜券。

于是，凯茵找出了所有有关网球技术的录影带和书籍，加强技巧的学习，而且把比赛前一晚饮点小酒的习惯也改掉了。她注意饮食，吃得更健康，以便能保持比赛时的最佳状态。

以往，她习惯在大赛前的最后一晚彻底放松心情，早早休息。但这回，她拿出升学前摸底考试的那种拼劲，备战到深夜。

比赛那天，凯茵信心满满：“他们根本不是我的对手，我一定可以把他们打得灰头土脸，败下阵来！”

然而，在比赛中，凯茵竭尽全力运用书中的技术，可总是力不从心，节奏总是慢一拍，大脑里总是在想“我该如何表现”。她精神高度集中，全身紧绷，根本无法轻松自如地打球。

最后，她输了，输给了技术和实力都不及自己的莎莉。后来，凯茵开始思考：为什么会事倍功半呢？我明明很努力了，这到底是怎么回事？

突然，一个念头从她脑海中一闪而过：塔罗牌明明预示着我今年的运势是一片大好，而事实也应该如此啊！我学到了人生中一个重要的内容，那就是：“当我面对喜欢的事物，不应该把它看得那么严肃。如果不刻意去分析那个挥拍反击的动作，我的成绩应该会更好。”原来，这就是所谓的“把心放在球场”的意思。

凯茵从此学到了一个宝贵的经验：如果打球时，想的全是运球动作和对对手的球技分析，就很容易犯规，动作也表现得呆板，而且对对方的回击也缺乏应变能力。除此之外，凯茵还领悟到了，人生不也正是如此吗？只要舍弃了当下思考的直觉过程，屈就才智，生活就变得非常枯燥单调、缺乏效率。当把心全部放在球场，而不去想该如何挥拍、杀球，那么一旦遇到相应的情况，所有的技巧便会自然涌现。

心灵直通车： 我们时时刻刻都在思考，但思维的本质却在持续变动。如果思想变得严谨、过分条例化，那么行为就会过于刻意，就会产生因循守旧、按部就班的行为模式。当我们过分地分析和思考时，就好像正在竭力禁锢自己的思维。反之，当我们的心里完全没有负担，除了意念自由游走、别无所求时，在这种精神放松的状态下，正确的思维就会如影而至，在需要它的时候，就好似一位多年的挚友，不请自来。

角色无轻重

我之所以能在科学上成功，最重要的一点就是对科学的热爱，坚持长期探索。

——达尔文

有这么一件小事，令杰西终身难忘。

她小的时候，那时，她上三年级，一次学校排节目，她被老师选中，扮演剧中的一位公主。接下来的几周，母亲煞费苦心地陪她一起练习台词。可是，尽管她在家里表现得惟妙惟肖、生动自如，但是，一站到舞台上，她的大脑里准备多时的词句全都会消失得无影无踪。

最后，没有办法，老师只好让杰西站在一旁。为了不伤她的自尊，老师解释说，她为这个节目新写了一个旁白者的角色，请她理解老师。虽然老师的话听起来亲切婉转，但还是深深地刺痛了敏感的小杰西——尤其是当她看到自己的公主角色不得不让给学校的另一个女孩的时候。

那天放学回家，吃午饭时，杰西没有把当天发生的事情告诉母亲。然而，母亲从她的神情里觉察到了她的反常。因此，母亲没有提议继续练台词，而是问她是否愿意陪自己到院子里走一走。

那是一个阳光明媚的春日，庭院棚架上的蔷薇藤正探出头来，泛出亮丽的新绿。杰西无意中瞥见母亲在一棵小小的蒲公英前弯下腰。“我想我现在必须把杂草全都拔掉。”她说着，用力将蒲公英连根拔起，“从现在起，我们的庭院里就只有美丽的蔷薇了。”

“可是，我也喜欢蒲公英啊，”杰西对妈妈的行为很不满，大声抗议道，“所有的花儿都是有生命的，都是美丽的，哪怕是一朵小小的蒲公英！”

母亲扭头严肃地注视着她：“对呀，每个生命都以自己独特的风姿给人们带来愉悦，对吗？”

杰西赞同地点点头，她为说服了母亲而感到高兴。

“对人来说也是这样。”母亲又补充道，“不是人人都能当公主，但那并不值得羞愧。”

杰西想，母亲可能已经猜到了自己的心事，于是一边给母亲讲述学校里发生的事，一边委屈地大声哭起来。

母亲听后却微微一笑：“记住，你将会成为一个更出色的旁白者，旁白者的角色和公主的角色其实是一样重要的。”

心灵直通车：凡事无大小，只要你肯认真地尽自己的努力做好每一件小事，就等于在一步步地向成功靠近。不可能任何人都能胜任领导者的角色，但是，如果你能当好一个出色的士兵，也是不错的。其实，不管是在家庭中还是在事业中，不在于你扮演的是什么角色，而在于你力争做一个最好的自己。

福祸交替在转瞬间

为真理而斗争是人生最大的乐趣。

——布鲁诺

很久以前，有一位国王，他非常信任一位忠实且充满了智慧的大臣。

这位智慧大臣有一句口头禅——很好，这件事肯定会对你有所帮助的！

一天，国王在宫殿擦拭自己心爱的宝剑，一不小心，锋利的宝剑将左手的小拇指划破了，血流不止，大夫一看，手指竟然被割断了。智慧大臣和文武百官闻讯赶到皇宫，见到大夫正在给国王包扎鲜血淋淋的左手。

文武百官都不停地安慰国王，再看智慧大臣，他的口头禅却不合时宜地说了出来："很好，这件事肯定会对你有所帮助的！"五指连心，国王的伤口这时正痛得要命，闻言立刻怒从心中起，下令将智慧大臣关到牢里去。

几个月后，国王带着几名文官和武官到森林里狩猎，由于国王急于追踪一只羚羊，追赶中竟然穿越了自己的国界，进入了森林中凶残的食人族的地盘。

于是，食人族将国王及文武大臣全部抓了起来。见国王的衣着华丽，巫师便擅自决定拿国王来献祭。正准备祭祀时，巫师却发出一声惊叫，原来，巫师发现国王的左手少了一根小拇指。

根据森林食人族的族规，用肢体不健全的人来祭祀是对祖先的大不敬。当下，酋长大怒，将巫师大骂，给国王松了绑，赶出了国界，换国王身边的一位大臣来献祭。

经历九死一生，国王最终回到了自己的皇宫。这时，他想起了智慧大臣的话，连忙嘱咐左右立刻将他从关押的大牢里释放出来。国王深觉智慧大臣当时所说的话是那么的有道理，于是为了这几个月的牢狱之苦向智慧大臣表示歉意。

智慧大臣摆摆袖子，又说出了那句口头禅："很好，这件事肯定会对你有所帮助的！"

国王疑惑不解地问道："你说我割断了小拇指会有所帮助，到今天得到了印证，我只好愿意相信。但是，我为此关你坐这么长时间的大牢，让你受尽折磨，难道对你百利而无一害，反而还有所帮助吗？"

智慧大臣听后笑了笑，点点头说："当然对我有帮助！国王，您不妨这样想，若不是我当时被关在牢里，我一定会奉命陪您去狩猎。而此刻，您却因少了一根手指回来了，那我会不会正好被留在食人族祭祀呢？"

心灵直通车：信基督的人常说一句话："凡事能互相效力！"所谓的祸福之别，也都在人们的一念之间。国王与智慧大臣的故事，会帮助我们越过生命的低潮，走向成功。

屋外装电梯

伟大人物最明显的标志，就是他坚强的意志。

——爱迪生

柯特大饭店是一家老字号，它位于美国加州圣地亚哥市的重要位置，很多人都知道它。

由于它最开始设计的配套电梯的空间过于狭小而且运行多年，已经变得破旧不堪，现在无法适应超大的客流。饭店老板再三思量，最终决定改建成一个有着超大空间的新式电梯。他花重金请来全国数一数二的建筑师和工程师，大家一起商讨，看到底如何改建才是最合理的。

建筑师和工程师都参与过很多建筑物的建设和设计，经验也是非常丰富的，他们最后讨论的结果是：饭店必须尽快换一台新的大电梯。要想安装好新电梯，饭店只能暂停营业至少半年时间。

“难道除了关闭饭店外，就再没有其他的办法了吗？”老板听后皱着眉头说，“如果这样，公司会遭受巨大的经济损失……”

“实在是没有别的办法，目前没有其他更好的方案。”建筑师表示无奈，工程师们也一致这样认为。

这时，饭店的一名清洁工刚好在附近拖地，无意间听到了老板和那些专家们的谈话。

他立刻直起腰，停下手头的工作，望了望神色犹豫且叹着气的老板，还有旁边那些自信不已的专家，突然开口说：“如果是我，你们知道我将会如何改装这部电梯吗？”

工程师不屑地瞟了他一眼，傲慢地说：“你又能怎么做？”

“我将在屋子外面直接装上电梯。”

工程师和建筑师听了，茅塞顿开，一时诧异得说不出话来。

后来，这家饭店不但正常营业，还完成了在屋外装新电梯的计划。在建筑史上，这是第一次打破记录而产生了电梯安装在室外的历史。

心灵直通车：做事不要完全照搬，别人这样做，我们不见得必须也要这样做；更不能因为过去就是这样做的，现在就得一成不变，必须这样做。不妨试着换种想法、换一种思路甚至是相反的方法，你可能会发现问题同样可以得到解决。当别人纵向切苹果时，你不妨试着横着切，那么，你就会发现，原来横切的苹果里竟然隐藏着如此美丽的图画。

最好的消息

幸福的家庭都是相似的；不幸的家庭各有各的不幸。

——托尔斯泰

罗伯特·德·温森多是阿根廷著名的高尔夫球手，在人们的心目中，他是一个十分豁达的人。

一次，温森多刚刚赢得了一场锦标赛。在领到作为赛事的报酬之后，他拿着支票，满脸微笑地从记者的层层包围中走出来，返回了停车场，准备开车返回俱乐部。

这时，一位漂亮的年轻女子朝他迎面走来。她首先向温森多表示了自己的祝贺，紧接着，又述说了她那患了疾病的孩子。孩子的生命危在旦夕，也许很快就会死掉，因为她没有办法支付起那高昂的医药费和基本的住院费。

温森多被面前这位女子的讲述深深地打动了，他没经过任何思考，就掏出钢笔，在刚取得的支票上迅速签上自己的名字，然后毫不犹豫地塞给了她，说道：“这是我在这次比赛中获得的报酬，拿去吧。祝您可怜的孩子早日康复。”

一个星期以后，温森多与朋友聚会。当他们正在一家乡村俱乐部共进午餐时，一位和他很熟的职业高尔夫球联合会的官员走过来，问他上周是否遇到一位年轻的称自己孩子患了重病的女子。

“是那个停车场的工作人员告诉我的。”官员说。

温森多笑着点了点头，表示有这回事，好奇地问道：“发生什么事了吗？”

“哦，没什么，可是对你来说，可能是一个坏消息。”官员说，“她一个专职的骗子，这是一个圈套，她根本就没有结婚，怎么会有病重的孩子呢？你被那个女子骗了！”

“也就是说，根本没有一个病得快要死去的小孩子？”

“是这样的，本来就没有。”官员答道。

温森多听后长出了一口气，然后说：“真令人欣慰，这是我这一个星期听到的最好的消息。”

心灵直通车：好与坏的转化只是瞬间的变化，它需要的不仅是开朗豁达的心态，还有宽阔的胸襟。当所谓的坏事真实地存在且于事无补时，我们应该改变常规的思维方式，想想它是否还有其他地方值得吸取、挖掘。即使只有极小的一部分，也可能让我们在以后的日子中受用无穷。

小不成何谓大

技艺与信心是常胜之军。

——赫伯特

罗伯特是众所周知的著名作家，他一生给人们留下了很多寓意深刻的作品。不仅如此，他在教育自己的儿子方面无意中流露出的智慧，也值得我们后人深深玩味。

一天，天气阴森森的，紧接着，迎来了一场倾盆大雨。

房檐中的天沟由于飘落的树叶以及灰尘，竟然被堵塞了，雨水不能及时排出，只能顺着屋瓦直泻而下，很快，院子就要变成一片池塘了。

罗伯特告诉儿子不要坐视不管，快搬来梯子及时清理天沟，使水从下水管中顺畅地流走。

“天沟里不仅脏，还有臭臭的味道，况且还有马蜂，我不去。”儿子站着一动不动，在一边抱怨道，“上次清理的时候，我就被可恶的马蜂蜇得鼻青脸肿。请几个工人来解决不就行了吗？为什么非要让我去干这没有意义的活儿！”

罗伯特没有理会儿子，只是甩下一句“那你可要小心点了”，便走开了。

儿子没有办法，只好和罗伯特一起清理天沟。

看到清理后的天沟，雨水已经畅通地流进下水管，再也没有溢出，儿子洗手时叹了口气说：“原来要想做好一件‘没意义’的事，也不是很容易的。”

春天到了，罗伯特带儿子到自家的菜园中去，要把去年的韭菜移植一下。儿子皱着眉头，手插在裤兜里，只是站在一边的田埂上晃来晃去，不愿意伸出手来做事。

罗伯特问道：“为什么不帮忙干活儿？”

儿子说：“我天生是念书的人，这是农民干的活儿，我学了以后又有什么用？”

罗伯特听后，表情很是严肃，他蹲下去，捧起一把土，小心翼翼地放进儿子的手里，语重心长地说：“孩子，我们的衣、食、住、行，哪一样不是以大地为根基？哪一样与泥土没有关系？我们吃的米饭、啃的面包水果，哪一个不是由土壤培养出来的？就连人闭眼以后，也要入土为安。所以，你首先要学会尊重土地！”

看到儿子一脸的惭愧，罗伯特摸了摸他的头，又说道：“什么事情都是有尺寸的，每个人的福分也一样，是有一定限度的，不能太过于娇惯，不要对所做的小事不屑一顾，不要觉得它是无足轻重的。如果有一天，独自一人在外面遇到类似的问题，那些娇生惯养的孩子一脸茫然，你却能轻松自如地将它处理好，那该是件多么荣耀的事情。不能做小事，又如何能办好大事呢？”

儿子自从听了父亲的教诲，珍惜所有的锻炼机会，面对日常生活中的平凡小事，也从不放松对自己的要求。

三年后，他以优异的成绩和突出的表现，提前从高中毕业，跨进了美国著名学府——哈佛大学——继续深造。

心灵直通车： 有的人从小立志，将来一定要出人头地，做个顶天立地的大丈夫。可是，只有通过一路艰辛，才能体会到自己只不过是社会中最平凡的一分子。这并非是说不需要立大志，而是提醒我们为志向奋斗时，不管是成功还是失败，都要明白“平凡是最难的”的道理！立大志者首先要把一件件微不足道的小事做好。古人云，“小不忍则乱大谋”、“小不成何谓大”。

正确对待批评

孩子是把母亲系牢于生活的锚。

——索福克勒斯

艾列克在大学期间主修音乐，同学鲍勃每每谈到他对音乐全然投入的态度、每天花那么多时间练琴的锲而不舍的精神，都敬佩得五体投地。毕业后，艾列克在大家的预料之中，顺利地申请到了全额奖学金而继续留校深造。

后来，鲍勃参加完一个同学聚会后，顺道去拜访他。一番寒暄之后，艾列克告诉鲍勃，他现在每天仍然坚持练习八到十个小时的琴。鲍勃听后，并不感到意外，他坚信以艾列克的执著，成为钢琴家指日可待。

一年后，鲍勃再次见到艾列克，出乎意料的是，艾列克整个人都变了。

他费尽周折申请到的全额奖学金，只读了不到八个月的时间，就中途辍学了。他之所以做出这个决定，一个重要的原因是在这所音乐学院里，他需要经常在形形色色的听众面前演奏，并受到各种各样的评论。在众多的评论中，态度观点不同——有的极为中肯，有的却恶意攻击，有点甚至是恶语辱骂，他简直崩溃了，因此也一蹶不振。

当鲍勃再次看到艾列克时，他已经有一个多月没有碰他那心爱的钢琴了！他精神恍惚，深陷沮丧中，这种状况令他的父母也整日忧心忡忡。

不管鲍勃从哪个角度进行劝说，都无法让艾列克释怀。那些无谓的批评就像一把利剑一下子刺中他的要害。他在心理上没有办法释怀，无法对恶评进行设防，因而彻底丧失了原来那种追求梦想的锲而不舍的勇气。

于是，艾列克决定改行，去做一名老师，这就需要上大学取得一个教育学位。无论昔日的朋友和现在的家人怎么劝，他都没有打起精神来，最后甚至连教音乐都不愿意。

鲍勃为自己曾经崇拜的同学感到万分遗憾：一个那么有天分的人，却因为一些流言蜚语和无关痛痒的批评而阻碍了追求梦想的脚步，丧失了变得更加完美的机会。

心灵直通车: 对于批评，我们遵循“有则改之，无则加勉”的态度。有利于改进工作的建设性讨论，是人类进步的重要动力。知道自己的错误并及时改正，才能日益提高，有所长进。因此，如果能以鼓励的方式指出你的错误的人，是你人生的最好顾问。但是，在很多时候，坚持自己的决定是十分必要的。如果轻易且盲目地听从别人的一味评判，你很可能会感到自己是那样的无所适从，或是丧失信心，最终导致一事无成。

断然拒绝

母亲的心是孩子的课堂。

——比彻

隆美尔和曼弗雷德是一对父子。曼弗雷德小的时候，隆美尔正在波茨坦军事学院担任教官一职，而曼弗雷德就和母亲作为陪伴家属住在学院里。

一天，隆美尔带着儿子和军校学员一起去游泳。曼弗雷德不会游泳，所以不愿意下水。隆美尔便教育儿子道："勇敢点，你只要克服心中的恐惧，有了第一次，就没有问题了。"

说完，他就用一只胳膊夹起身边的一个橡皮游泳圈，用另一只手用力抓着儿子的手，把儿子拽到了游泳池边，指挥他爬上跳板的顶端，然后再往下跳。

这时，小曼弗雷德发现，理论与现实截然不同，他呆呆地站在那里不知所措。隆美尔便把自己的所有军校学员召集过来，看着小曼弗雷德，并一起鼓励他。

这时，小曼弗雷德的双腿有点哆嗦，他强烈抗议道："爸爸，我不想跳！"

隆美尔大声问："为什么？"

儿子对他大声嚷道："因为我比较珍惜自己的生命。而且你知道，我是不会游泳的。"

隆美尔提醒说："我不是让你带上游泳圈了吗？"

"那要是游泳圈最后炸了怎么办？"儿子这样问道。

隆美尔被儿子的怯弱气得面红耳赤，生气地向儿子大声吼道："胆小鬼！万一那样，我会立刻跳下来救你的。"

儿子看了看他，指着他的脚说："可是，你脚上穿的是马靴。"

隆美尔慢慢回答说："如果真的有必要，我会毫不犹豫地把靴子脱掉的。"

儿子转头悻悻地说："那我看着你，你现在就把它脱掉！"

隆美尔气得火冒三丈，他环视了一下周围的学员，冷冷地一笑，断然拒绝了儿子的要求。

于是，儿子也毫不犹豫地从跳台另一端的梯子上走了下来。

心灵直通车： 我们不要指望别人能为你安排妥当一切，那是不可能的，除非你心甘情愿接受吃他人咀嚼过的饭菜。如果你选择拒绝，就直接用自己的实际行动来表明，否则，你将会处于危机的中间地段，进退两难。

上帝没有卑微之分

我们容忍已经见惯的恶习，但我们斥责新的恶习。

——普布利留斯·西鲁斯

一位父亲带着还不懂事的儿子去法国参观著名画家梵高的故居。

在看过梵高用过的那张又窄又小的小木床及裂了口的破旧皮鞋之后，儿子抬头望着父亲，好奇地问道："梵高那么有名，难道不是一位百万富翁吗？"

父亲回答道："梵高是位缺吃少穿、靠人救济才能活下来的穷人，他一辈子连妻子都没有娶上。"

第二年，这位父亲又带着儿子去了丹麦。父子俩站在安徒生的故居前，儿子睁大了眼睛困惑地问："爸爸，安徒生生前不是一直生活在皇宫里吗？"

父亲答道："安徒生只是一位鞋匠的儿子，他原本就生活在这栋又破又旧的小阁楼里。"

这位父亲的职业是水手，他每年绝大部分时间都在大西洋的各个港口奔波。他的儿子名字叫伊尔·布拉格，也就是后来著名的黑人记者——美国历史上第一位获得普利策奖的黑人记者。

二十年后，他在一篇回忆录——《回忆童年》——中写道："小时候，我们家一穷二白，父母只有靠出卖苦力养家糊口。有很长的一段时间，我以为像我们这样生活贫困、地位卑微的黑人将来是不可能出人头地的。可喜可贺的是，父亲让我在童年时代认识了梵高和安徒生这两个闻名于世的人，是这两个人告诉了我，上帝是公平的，他没有看轻卑微。"

心灵直通车： 伊尔·布拉格这位黑人记者的成功，无疑是靠那两位贫贱名人的指引。在生活中，我们常常看到一些人，他们因自己身份的卑微而最终否定自己超人的智慧，因地位的低下而最终放弃心中的梦想，甚至因为受人歧视而一蹶不振，因为得不到别人的赞赏而终日忧心忡忡。这本身就是一种错误的想法！

其实，造物主的眼中是没有卑微之分的，他们常把某些高贵的灵魂赋予在卑贱的肉体上。就像日常生活中，我们总是爱把最珍贵的物件藏在家中某处最不起眼的地方一样。

上帝的恩赐

在天才和勤奋之间，我毫不迟疑地选择勤奋，她是世界上几乎一切成就的催产婆。

——爱因斯坦

一天早晨，斯利从睡梦中醒来，又回忆起昨日的梦境。“我实在是太不幸了。”斯利叹着气对他从小玩到大的伙伴说。

“为什么？”伙伴问。

“因为我同床共枕的妻子和我梦想中的相差太远了。”

“你的妻子不仅温柔贤惠而且知书达理，”他的朋友说，“她不仅能创作迷人的绘画而且还能做美味可口的饭菜，你还有什么不满意的呢？”

斯利笑了笑，对此不以为然。

一天，斯利满脸愁云，对妻子说：“我真是太郁闷了。”

“怎么了？”妻子问。

“我从小就梦想着将来有一天，能有一所属于自己的大院子，院子里有带门廊的大房子，还有种着各种花草的花园。但遗憾的是，我们现在却住在高达二十七层的公寓里，更别提什么花园了。”

“可是，我们现在的房子不是也很大、很舒适吗？而且还面朝大海。”妻子笑着说，“我们生活在甜蜜的爱情与令人羡慕的欢乐中，而且身边还有三个活泼可爱的孩子。”

但斯利苦笑了一下，一点都听不进去。

“我最近的心情太低落了。”斯利对他的医生说。

“为什么？”医生问。

“我曾经梦想自己能成为一名具有挑战精神的探险家，但事与愿违，现在却成了一名俗不可耐的秃顶商人，而且疾病缠身，膝盖还落下了残疾。”

“先生，你所提供的医学药品效果很好，已经挽救了无数人的生命。”

斯利却摇摇头，觉得医生的话就是一种恭维，因此，他无动于衷。最后，医生收了他一点费用，并把他送回了家。

“我实在是太不幸了。”斯利唠唠叨叨地对他的牧师说。

“为什么这么说呢？”牧师问。

“因为我一直梦想自己有三个儿子，可恰恰相反，我没有儿子，只有三个女儿。”

“你应该知足了，你的女儿们不仅乖巧、听话，而且还聪明、漂亮。”牧师说。

可斯利还是一点都没有听进去。极度的郁闷和悲伤一齐袭来，他再也支持不下去了，他病倒了。

他躺在医院病床那洁白的床单上，看着那一套套为他进行检查和治疗的顶端医疗仪器——而这些全部是由他直接或间接经手卖给这所医院的。

一天夜里，斯利又梦见了上帝，便对他说：“在我小的时候，你满口答应我要满足我提出的所有要求，可你为什么不遵守承诺，为什么不把那些都赐予我呢？”

“我是可以赐给你的，”上帝说，“不过，我一直想用那些你不曾梦见的东西给你带来惊喜。为此，我赐予你一个温柔贤惠、美丽善良的伴侣，一份体面的职业，一个常人所不及的住所以及三个活泼可爱的女儿。我认为这些都是最美好的……”

“可是，”斯利直接打断了上帝的话，“你一直没有把我内心真正想要得到的赐给我。”

“但我一直在想，你一定会把我长久以来希望得到的反馈给我。”上帝说。

“那你想要的是什么？”斯利做梦也没有想到，上帝还能需要什么。

“我就是想要你能够带着愉悦的心情来接受我给予你的恩赐。”

第二天晚上，斯利决定在睡梦中重新做一个梦。

新的一天开始了，斯利恢复了健康，开心幸福地生活在自己位于第二十七层的温馨的家中。

斯利更喜欢自己那三个漂亮的孩子发出的美妙且稚气未脱的声音，喜欢妻子那迷人的深棕色的大眼睛与出自她手下的精美的花鸟鱼虫画。从此，斯利的生活一片明媚，充满了阳光。

心灵直通车：人生的道路不可能总是平坦的，更不可能总是一帆风顺的，时不时地就会遇到一些挫折和失败，就像一年中总是有春夏秋冬四季轮回一样，不会永远都是明媚的春天。面对苦难，逃避解决不了问题，也是最不明智的选择。而坦然接受一切，学会在痛苦中挖掘并分享快乐的人，往往会令人肃然起敬。

到嘴的鸭子飞了

辛勤的蜜蜂永远没有时间悲哀。

——布莱克

韦蒂尼觉得，尽管已经过去了很多年，但第一次钓鱼的那一幕，至今依然历历在目，仿佛刚刚发生的一般。

记得那一天是初秋时节，有点微风，带着点凉爽，令人好不惬意。温煦的阳光洒向大地，静静地照耀着大地、村庄、树林。

当时，韦蒂尼是由特洛尔叔叔带着一起去钓鱼的。特洛尔叔叔是个钓鱼高手，拥有多年的垂钓经验。他一站在湖边，再看看周围的环境，就深知何处有鱼，何处的小鱼最多。

于是他特意把韦蒂尼安排在湖边最有利的位置上。

韦蒂尼拿出工具，模仿着身边垂钓人的模样，轻轻地甩出鱼线，然后举着钓鱼竿，眼巴巴地盯着河面，等候水里的鱼儿前来吃食。过了好一阵子，眼睛似乎有点酸了，可还是一点动静也没有，韦蒂尼回头望望旁边的特洛尔叔叔，心里不免有些失望。

“沉住气，再试试看。”特洛尔微笑着鼓励他道。

忽然，鱼竿的那头动了一下，诱饵瞬间消失得无影无踪。

“这下可好啦，”韦蒂尼暗自琢磨，“总算是来了一条鱼！”他赶紧站起身，猛地拉起鱼竿，令他失望的是，拉上来的竟然是一团水草……韦蒂尼的心凉了半截。

为了不让特洛尔察觉到自己的变化，韦蒂尼还是坚持着一次又一次地挥动着早已发酸的手臂，把钓线远远地抛出去。但每一次鱼竿被提出水面时，总是空空如也，韦蒂尼不免极其失望。他无耐地望着特洛尔叔叔，脸上尽是疲惫不堪，露出了恳求的神色。

“再试一次吧，”特洛尔安静地坐在离他不远的位置上，若无其事地说，“钓鱼人必须要有足够的耐心才行。”

突然，钓竿的一头不知被什么东西拽住了，一下子将钓线拖入了深水中。韦蒂尼觉得握着鱼竿的手一晃，赶紧慌张地往上拉了一下鱼竿，立刻看到一条惹人喜爱的小鱼浮出了水面。在璀璨的阳光照射下，小鱼扭动着身体，活蹦乱跳。

“特洛尔叔叔！”韦蒂尼转过头，他那么兴奋，欣喜若狂地大声喊道，“看，我钓到了一条鱼！”

“耐心点，还没有呢。”特洛尔坐着一动不动，慢条斯理地说出了一句话。

他的话音尚未落地，只见那条露出水面的小鱼惊恐万状，摆动着身体奋力地挣扎。只见它鳞光一闪，迅速摆脱鱼钩，箭一般地飞向了河心，水面被激起一圈圈水纹，向四周散去。鱼脱钩不见了，功亏一篑。眼看到手的小鱼就这样逃走了，刹那间，韦蒂尼兴奋的脸又阴沉了下来。

他感到格外伤心，低着头，满脸沮丧，一屁股坐在湖边的草滩上。

特洛尔看到他的模样，微笑着走过来替韦蒂尼安上诱饵，把鱼竿轻轻塞在韦蒂尼手里。

“别着急，再碰一碰运气。”他微笑着，意味深长地说，“记住，小家伙，在鱼儿尚未被你装入箩筐之前，千万不要向别人吹嘘，不要以为自己已经钓住了鱼。我曾不止一次地看见很多大人在类似的场合下像你现在这样做了蠢事。在事情尚未完成之前就自吹自擂，这样有害而无益；纵然是最后取得了成功，也毋须自夸，因为在别人看来，也就是明摆着的一件小事而已。”

自此以后，韦蒂尼每每听到一些人为一件尚无结果的事情而吹嘘时，就会情不自禁地回想起当年与特洛尔叔叔在小河边垂钓的那清晰的一幕，耳边回响起特洛尔那一句令人发省的忠告：“在鱼儿尚未被你装入箩筐之前，千万不要吹嘘，不要以为自己已经钓住了鱼。”

心灵直通车：人们常说“煮熟的鸭子飞了”，说的就是这个道理。这句话告诫人们，面对马上要成功或将要有结果的事情，我们不能放松警惕、得意忘形，否则，前面的一切努力都是过眼云烟，都会功亏一篑。生活中有太多诸如此类的事，我们一定要坚持不懈地努力，直到事情彻底完成，千万不要因一时的疏忽大意而毁掉全局，那将是后悔都来不及的。

不计前嫌

让死人去埋葬和痛哭自己的尸体吧。最先朝气蓬勃地投入新生活的人，他们的命运是令人羡慕的。

——马克思

1754年，身为美国上校的华盛顿正率领他的大部分部下驻防亚历山大市。当时，正值政治敏感时期——弗吉尼亚州议会选举议员。当时，有一个名叫威廉·佩恩的人，叫嚣得很厉害，再三强调自己反对华盛顿所支持的候选人。

据说，当时，华盛顿就选举问题与佩恩的意见冲突，展开了一场激烈的争论。

其间，两人都比较冲动，华盛顿情急之下出言不逊，说了一些冒犯佩恩的话。佩恩火冒三丈，不假思索地伸出拳头，将华盛顿狠狠地打倒在地。当华盛顿的部下听说后，跑过来正准备教训佩恩时，华盛顿站起来，急忙呵斥部下，阻止了他们，并命令他们立即返回营地。

第二天一早，带着伤的华盛顿委托助手将一张便条带给佩恩，内容是约他到附近的一家小酒馆里见面。

佩恩想到昨天的恶战，认为华盛顿这样的人岂能忍受如此奇耻大辱，肯定不会放过自己，今天见面，势必又是一场决斗。于是，他做好了充分的准备，全副武装地赶到酒馆。但是，令他惊讶的是，等待他的不是带着手枪的士兵，而是早已备好的美酒。

华盛顿见他走来，从容不迫地站起来，伸出手，真诚地迎接他。华盛顿说："佩恩先生，对于昨天的行为，我首先表示歉意。昨天之事确实是我冒犯在先，我不该说那么鲁莽的话。不过，你也采取了果断的行动，及时挽回了自己的面子。如果你认为可以不计前嫌，昨天的事情就到此为止的话，那么，请握住我的手，让我们言归为好，交个朋友。"

从此以后，佩恩彻底改变了对华盛顿的看法，也成为华盛顿忠实且狂热的崇拜者。

心灵直通车： 如果伸出的拳头打到你的左脸，那你干脆把右脸也直接伸过去，这是聪明人的至上策略！心胸狭隘、睚眦必报，不但不利于解决任何问题，反而只能使矛盾更加激烈、恶化，使对抗逐步升级，从而进入一个恶性循环的怪圈。其实，真正的强者是那些能从心理上征服别人的人。

视而不见的“我”

发明需要百分之一的聪明加上百分之九十九的勤奋。

——爱迪生

贝里奇担任美孚石油公司董事长期间，定期到各个分公司视察工作。

那是1947年，贝里奇例行常规，到开普敦去巡视工作。走进卫生间时，看到一位年轻的黑人小伙子正跪在地上认真地擦洗地面上的污渍，但奇怪的是，他每擦一下，就虔诚地双手合一叩一下头。

贝里奇见此情景，感到十分纳闷。当他从卫生间出来时，看到年轻人竟然还是如此。于是，他带着好奇心走上前，问他究竟为什么要这样做。小伙子答道：“我正在感谢一位圣人。是这位圣人帮助了我，我才找到目前的这份工作，是他让我现在有了饭吃。”

贝里奇听后，似乎明白了，他笑着说：“小伙子，我和你一样，我也曾经遇到过一位圣人，是他使我成了美孚石油公司的董事长。不知你是否愿意见他呢？”

小伙子停下手头的工作，说：“我自幼是个孤儿，靠开普敦的锡克教会一天天地长大，我一直都要求自己一定要报答养育过我的人。若是这位圣人能使我在吃饱的基础上，还有一些余钱，我将非常乐意去拜访他。”

贝里奇说：“那你是否知道，南非有一座十分有名的山，人们都叫它大温特胡克山。据我所知，那儿住着一位白发须须的圣人，他专门为人答疑解惑、指点迷津。凡是到此拜访并且能遇到他的人，一定会前程似锦。

“二十年前，我就到过南非，还登上过那座山。那天，机缘巧合，我遇上了他，并得到他的亲自指点。

“假如你真的愿意去拜访，我可以以我的名义向你的经理说情，让他准许你一个月的假。”

这位年轻的黑人小伙子从小就生长在教会，是个忠实、虔诚的锡克教徒，信奉神灵，也相信神的帮助。他对贝里奇表示感谢后，简单收拾行李就上路了。

一个月的时间里，他历经艰辛、劈荆斩棘，一路上风餐露宿，不分昼夜地一直赶路，终于登上了贝里奇所说的白雪覆盖的具有神秘色彩的大温特胡克山。然而，他在山顶整整徘徊了一天，除了虔诚的自己以及白茫茫的大山外，什么都没有遇到，更别说什么圣人了。

无耐之下，黑人小伙子只能下山，失望地回来了。他见到贝里奇后说的第一句话是：“董事长先生，一路上，我认真寻找，处处留意，从山脚一直到山顶，但是，除我之外什么人都没有，也根本没有你说的圣人。”

贝里奇笑着说：“你说的对极了，除你之外，根本就没有什么圣人。因为，那个圣人就是你自己。”

年轻人听后一阵沉默。就这样，这件事悄无声息地过去了。

当年的黑人小伙子也从一位不起眼的擦地工步步攀升。二十年后，他成为美孚石油公司开普敦分公司的总经理，他的名字是贾姆讷。

在一次世界级的经济论坛峰会上，他作为美孚石油公司的形象代表参加大会并发言。发言结束后，在面对众多记者的围追堵截式的提问时，在关于自己传奇的一生方面，他只是简单地说了一句话："真正地认识自己的那天，就是你走向成功的起点。能创造出奇迹的人，没有别人，只有自己。"

心灵直通车： 人类的本性往往是以"自我"为中心，然而可笑的是，在"自我"的光环下，最看不清、最视而不见的也是"自我"。看不见"自我"的人每天不知道自己做的是什么，更不可能知道自己真正能做到什么。

由于看不见自己、无视自己，就只能崇拜他人，把精神寄托于崇拜的偶像上，而自己只能碌碌无为地消失在芸芸大众之中。心中没有"自我"的人，当然不会有所谓的个性，不会有理智的勇气，更不可能有远大的人生目标，他们只能在盲目的崇拜中度过一生。

一位眼镜商

如果你希望成功，当以恒心为良友，以经验为参谋，以谨慎为兄弟，以希望为哨兵。

——爱迪生

一天，日本著名跨国企业的创始人松下幸之助意外地收到一封来信，信的内容大致如下：“我是本土的一位眼镜商，前些天，我在一本杂志的封面上有幸看到了您的照片，因为您所配戴的眼镜与您的脸型不太适合，所以我希望借此机会，能为您配一副适合您脸型的好眼镜。”

松下幸之助笑了笑，心想，不知又是哪个无名小卒，想借自己好好炒作一番。因此，他礼貌地回绝了。

就这样，这件事悄无声息地过去了。时间一久，他也将此事忘记了。没想到，后来有一天，那位写信的人竟然直接找上门来，原来是位看起来六十多岁的老人。看在他坚持与诚心的份上，松下幸之助最终还是同意了他的要求。

那是一家位于繁华地段的眼镜店，店里的客人熙熙攘攘，看来，眼镜的质量应该不错。松下幸之助走了进去，看见店里所有的装备都是一流的，检验仪也是当时世界上最精密的仪器，那里的店员形象气质良好，看来是训练有素。种种迹象表明这是一家品位极高、实力超强的眼镜店。

于是，松下幸之助笑着问老人："我看，您带我来这里的用意不仅仅是为了做生意吧，您到底想做什么呢？"

老人打量了一下松下幸之助，笑着说："因为您是名人，需要经常出国，假如戴着杂志上的那副眼镜出去，外国人会笑话我们日本没有一家像样的眼镜行的。为了避免日本可能受到这种低估，所以，我才亲自写信给您。"

心灵直通车： 有怎样的胸襟，就会有怎样的思维；有不同寻常的思维，就会对行动有不同寻常的解释。在日常生活中，对别人不要想当然地胡猜乱想，如果那样，对对方、对自己，都是一种不屑、一种极不负责任的可笑行为。

改写人生

天才就是这样，终身努力，便成天才。

——门捷列夫

杰克和迈克都是乡下人，为了摆脱现状、掌握自己的命运，二人选择外出打工。

当时，杰克买了一张到纽约的票，而迈克买了一张前往波士顿的票。

到车站后，经过一番打听才知道，纽约是个十分冷漠的金钱世界，要是向人打听路线，都需要收钱。而听说波士顿民风纯朴，人们见了露宿街头的乞丐都会深表同情。

杰克想，还是波士顿好，现在这种情况，就算挣不到钱，也不至于饿死。幸亏还没有坐上车，不然，后悔都来不及。

迈克也琢磨着，纽约是个好地方，只要给人指路就能挣到钱。幸亏车还没来，不然，自己一辈子都没有致富的机会了。

最后，两个同乡人在换票处相遇了。杰克最终选择了去波士顿，而迈克坐上了去纽约的火车。

杰克到了波士顿，发现这里果然像听说的那么好，简直就是人间天堂。他初来乍到，第一个月没有找工作，每天只是东走走、西逛逛，无所事事，竟然也没有挨饿。银行大厅里的自来水可以免费喝，还可以带走。而且各大商场的食品区域还有欢迎人们品尝的点心，也可以免费吃。

而到了纽约的迈克发现，纽约到处都是金子，干什么都可以发财。只要你肯想办法，再不惜花点力气，就可以一直衣食无忧。

凭着自己的出身，凭着一个乡下人对泥土的感情和深刻的认识，他决定从泥土开始，说干就干。

第二天，他在一个建筑工地上装了十包混有沙子和树叶的泥土，打着“花盆土”的名义，向基本没有见过泥土而又喜欢养花的纽约人兜售。令他没有想到的是，当天，他就在城市和郊区往返了好几次。一天下来，除去吃饭和其他花销，还净赚了五十美元。

就这样，周而复始，一年后，他竟然凭着自己的“花盆土”起家，赢得了人们的认可，还拥有了一间不大不小的门面。

在长时间的走街串巷中，迈克又发现了一个奇怪的现象：很多大小不一的商店干净又亮丽，但招牌却显得很脏。一打听才知道，原来，清洁公司只负责清洁楼面，不负责清理招牌。

于是，迈克利用这个机会，买了清洗招牌的人字梯、水桶和抹布，招集人员，办了自己的第一家清洁公司，经营业务就是擦洗店面、商场、楼宇的招牌。

如今，他的清洁公司已经有了一百五十多名员工，业务还在陆续扩展，已经发展到了纽约周边的几座城市。

不久前，迈克给自己放了个假，决定坐火车去波士顿走一走，一方面是想看看波士顿有没有合适的经营项目，二来当做旅游，开阔自己的视野。

到了波士顿后，迈克在路边看到一个衣着不整的捡破烂的人，正向他伸出手乞讨。迈克大方地拿出一枚硬币，四目相对时，两人认出了对方，都怔住了。

五年前，他们在火车站换过一次票。

心灵直通车：一样的人生，不一样的结果！不要一味地抱怨上天的不公、自己是多么的不幸，机会是均等的，就看你是否善于发现并把握住它。只有那些善用思维，敢于发掘、创造，并把握住眼前机遇的人，才能掌握自己的人生、改写自己的人生。

谦让的小姑娘

通向荣誉的路上，并没有铺满鲜花。

——但丁

经济大萧条时期的英国，失业人员越来越多，大家每天都排着长长的队伍依靠政府发放的救济食物维持生存。很多时候，排到最后，救济的食物发光了，后面的人只能饿着肚子。政府财政有限，救济食物到后来也是时有时无，很多人的生命都危在旦夕。而城里一位富有善心的面包师，召唤来了城里最穷的二十个孩子，对他们说："在上帝还没有带来好的光景前，你们每天都可以过来取一个面包。"

每天早晨，这些孩子都拖着饥饿的身体眼巴巴地盯着面包出炉。一见到面包师取出篮子，小孩子们就会蜂拥而上，把装面包的篮子紧紧围起来。大家你推我搡，因为他们每个人都想拿到那块最大的面包。等他们每个人都拿到面包后，顾不上向辛苦了半天的善良的面包师说声谢谢，就风一般地跑开了。

每天，只有格琳琴——这位面黄肌瘦、衣着显露着贫寒的小姑娘——安静地站在一群小伙伴旁边。她既没有像别的孩子一样与别人吵闹，也没和他们争抢，她只是静静地谦让地站在一米以外的地方，等其他孩子都抢了面包跑开以后，才拿起篮子里最后的也是最小的面包。她每次都不忘跑过去亲吻面包师的手，以表示自己内心的感激之情，然后双手捧着面包，高高兴兴地返回家中。

一天，在其他孩子全都离开之后，羞怯的小女孩过来取一块比原来小了一半的面包。但她依然没有忘记亲吻面包师的手，并表达自己和家人的真诚谢意。回家以后，妈妈小心地切开面包，竟然发现里面藏着好几枚崭新的闪着亮光的银币。

妈妈惊讶地叫道："格琳琴，你立刻把钱给面包师送回去。一定是那位面包师在揉面的时候不小心揉进去的，快去，把钱亲自交给那位好心的面包师！"

小姑娘揣着银币一路小跑，来到面包师面前时，面包师却笑着说："不，亲爱的孩子，这不是我揉在面里的，我是故意把它放在里面的。我只是想告诉你：面对一个谦让的人，上帝是会奖赏他，给予他幸福的。愿你和你的家人永远保持一颗宁静、平和、感恩的心。快点回家去吧，告诉你的妈妈，这些钱是上帝作为奖赏给予懂得谦让的人的。"

心灵直通车：一颗谦让的心，犹如庞大宇宙中的天空，又如那广阔大地上的汪洋大海和山谷。一个谦让者因其内心的宽容而显得博大，因博大而显得格外有力。俗语说"人算不如天算"，对于好争的人，天将不忍与之相争；而对于谦恭礼貌之人，天将与之相让。

让心动变为行动

据我看来，现实主义是除了细节的真实以外，还要真实地再现典型环境中的典型性格。

——恩格斯

那一年，罗伯特和迈克都是九岁，在潜意识里，他们模糊地知道钱是一种好东西，因此，他们产生了一种强烈的赚钱欲望。

两个小男孩托着腮帮子，思前想去，觉得社会上似乎没有什么工作可以让他们这样大的孩子去做。于是，他们放弃了通过工作来挣钱的念头。后来又经过苦思冥想，两个小伙伴认为找到了目前最好、最快也是最可靠的赚钱方式。

于是，在接下来的几个星期里，两人开始付诸行动。他们跑遍了整个村子，敲开左邻右舍的门，请求大人们把用过的牙膏皮留下来给他们。大人们对这两个孩子的行为深感纳闷，但还是微笑着答应了。有好奇的人问他们要牙膏皮的理由，对此，他们诡异地一笑，回答道："不能告诉你，这是我们的商业机密。"

经过不懈的努力，几个星期以后，他们攒了很多牙膏皮。两人准备把这些收集来的牙膏皮"变"成真正的钱。

于是，两个九岁的男孩在村子附近的公路边"安装"了一条生产线，还特地邀请罗伯特的爸爸前来参观。

罗伯特的爸爸对两个孩子的行为也颇感好奇，不知两个小家伙到底在搞什么名堂，他小心地走过来。公路边，一个废旧的铜壶架在燃烧的木炭上，里面的废牙膏皮正在一点点熔化（那时的牙膏皮是铅制成的，而现在是塑料做的）。当铅皮受热达到熔点时，罗伯特和迈克就小心翼翼地把溶液从喝过的牛奶盒顶部的小孔中小心翼翼地注入牛奶盒中。

最后，当溶液全部倒入石灰模后，罗伯特长长地出了口气，放下铜壶，向他爸爸做了个鬼脸。

罗伯特的爸爸站在一边，打量着他们，带着好奇的微笑问道："孩子，你们究竟在干什么呢？"

罗伯特说："爸爸，您看不出吗？我们正在'造'钱，我们马上就要变成富人了！"

迈克也扭头望了望罗伯特的爸爸，咧着嘴笑着点头补充道："是的，叔叔，我和他是合伙人。"

罗伯特的爸爸更加好奇地问："那旁边这些灰色模子里面又是什么东西呢？"

罗伯特说："看，这是我们刚刚铸好的一炉。"说着，他用随身携带的小锤子敲开了看似神秘的密封物，并把管子一分为二，小心翼翼地抽掉灰模的上半部分。于是，一个铅制的五分硬币便脱落了下来。

"噢，我的上帝，"罗伯特的爸爸惊叫起来，用手拍了拍额头，"你们竟然在用铅来造硬币！"

迈克说："对啊，我们在想办法挣钱啊。"

在一堆火和一堆废弃的牙膏皮旁，两个忙着造钱而弄得小脸脏兮兮的男孩正开心地笑着。

罗伯特的爸爸看着这个场景，微笑着不停地摇头。他示意孩子们立即放下手里的东西，和他一起坐到自家屋外的台阶上。然后，他用和蔼的语气向两个九岁的孩子解释了“伪造”一词的真正含义。

“叔叔，您的意思是说我们的这种做法是违法的？”迈克有些害怕，声音颤抖地问。

罗伯特和迈克明白了，他们马上变成有钱人的梦想瞬间破灭了！失望中，罗伯特和迈克沉默了，两人谁都没有说话。

坐了大约二十分钟，他们开始收拾路边的残局。罗伯特望着失望的迈克，沮丧地说：“看来，我们只能当穷人了。”

心灵直通车：如果一个人能在心动之后付诸于行动，那他就是成功的；即使行动最终失败，那也比只会一味地空想有着更深、更广的意义。因为一旦动手，你的梦想就可能变成现实。

珍惜所拥有的时光

读书使人心明眼亮。

——伏尔泰

发家后的奥莱斯·卡西瓦拥有很多的财富。

他在市郊买了一幢奢华无比的别墅，从此悄无声息地离开了位于城市的家，脱离了原来的生活圈子，开始了现在的生活。他每天早出晚归，忙于挣钱。但是，令他好奇的是，每天下班回来时，总能看见一个年轻人从他别墅后面的花园里出来，扛走一只大箱子，然后装上卡车拉走了。

有一天，他又碰见了这位神秘人，正想大声叫喊，那人却迅速扭头离开了。这天，他决定探个究竟，便开车去追。那辆卡车晃晃悠悠地，开得很慢，最后，在城郊的山谷旁停了下来。

卡西瓦下车后，发现年轻的陌生人把箱子从卡车上卸下来，毫不犹豫地扔进了山谷。山谷虽然很深，但探头一看，下面全是箱子，规格和式样几乎差不多。

他走过去纳闷地问："我一路跟着您来到这里，看见您从我家扛走了一只箱子，箱子里面装的到底是什么？为什么要把它们扔进山谷？这一堆堆的箱子究竟是干什么用的呢？"

年轻人仔细地打量了他一番，哈哈大笑说："您家还有许多箱子被运来了，难道您还不知道吗？这些箱子里面装的都是您已经虚度的日子。"

"什么日子？"

"您已经虚度的日子。"

"我已经虚度的日子？"

"是的。您每天白白浪费掉的美好时光、虚度的青春年华，您曾做梦都盼望的时光，但是，美好时光真的到来之后，您又干了些什么呢？你过来看看，它们一个个都是那样的完美无缺，从来没有被碰过，不过现在……"

卡西瓦好奇地走过来，顺手打开了其中一只箱子。

箱子里浮现出一条深秋时节的道路（那是他与初恋女友也是他后来的未婚妻——格拉兹——经常散步的地方），他的未婚妻正一个人慢慢地走着。

他紧张地打开了第二只箱子，里面是一间充满酒精味的病房。他唯一的弟弟约西正躺在病床上盯着闹钟，静静地等待归去。

他颤抖的双手费力地打开身边的第三只箱子，原来，那是他从出生到事业兴旺前，一直居住的那所又老又破的房子。那条一直陪伴在他身边的忠实的狗杜克有气无力地卧在破烂的栅栏门口，面朝着他归来的路，一直在等他。它等了他整整两年，现在骨瘦如柴。

这时，卡西瓦感到心中某根情感线被触动了，心如刀绞。这位神秘的陌生人像一个公正的审判官，严肃地站在一旁。

卡西瓦说："先生，求求您，让我取回这三只箱子吧，我求求您了。您最起码要给我三天的时间。我有的是钱，您想要多少，我都可以满足您。"

神秘人摇摇头，做了个手势："不是我不想帮您，是您醒悟得太迟了，现在早已经无法挽回。"说罢，神秘人便和箱子一起消失了。

天暗了，夜幕无声无息地悄悄降临，整个大地都笼罩在苍茫的夜色之中。

心灵直通车： 任何人的生命都只有一次，所以我们应该珍惜光阴。俗话说，“一寸光阴一寸金”，在有生之年，要珍惜身边所拥有的一切，每天面对真实的生活，更要过有价值的生活，两者都要兼顾，而不能顾此失彼，否则将会得不偿失，遗憾终身。

如果为了财富而要以失去亲情和家人为代价，那又有什么意义呢？人如果不失去活着时所应有的快乐，还可以创造出更多、更具有意义的快乐。只有这样，活着才更有乐趣，更有价值。

虔诚的神父

立志、工作、成功，是人类活动的三大要素。
——巴斯德

在山脚下的一个小山村，突然袭来一场大暴雨。大雨一下不止，从而引发了山洪。眼看洪水渐渐袭来，即将淹没整个村庄，村民们都急匆匆地带着家人撤离村庄。这时，一位神父还跪在教堂里祈祷，而洪水马上就要淹到他的膝盖了。

这时，一个救生员驾着一个舢板来到教堂前，对神父说："神父，快！快上来！洪水眨眼间就会淹到你胸口了！"

神父说："不！我要和教堂同在，我深信上帝不会留下我的，你先去救老人和孩子吧。"

洪水一股股涌来，很快，已经涨到神父的胸口了，神父只好站起来，勉强站在祭坛上。

这时，又有一个年轻的警察开着快艇过来，大声对神父说："神父，快上来吧，不然你会被洪水淹死的。”

神父说：“不，我要守着我的教堂，我相信上帝，他一定会来解救我的。谢谢你，不用管我了，还是先去救别人去吧。”

洪水越来越大，势头丝毫不减。又过了一会，整个教堂几乎都被淹没了，神父只好牢牢抓住教堂顶端摇摆的十字架。

就在这千钧一发之际，一架直升飞机朝教堂缓缓飞来。飞行员丢下救生的绳梯后，大叫：“神父，快！快上来！这可是您最后的机会了，抢救生命是我们的责任，我们可不愿意见死不救！”

神父还是没有听从他的劝说，意志还是那么坚定。他斩钉截铁地说：“不，我说了我要守住我的教堂！上帝在最后时刻一定会来救我的，你还是快去看看别人吧。上帝定会与我同在的！”

汹涌的洪水滚滚而来，死死抓住十字架的神父在祈祷中被洪水淹死了。

神父的灵魂上了天堂，第一眼见到的就是上帝。他生气地质问道：“主啊，我用毕生的精力侍奉您，每天祈祷祝福，奉献一生，最后时刻，您为什么不肯来救我？”

上帝说：“你冤枉了我，我怎么会不救你呢？我一共给了你三次机会。第一次，我派了一个年轻的小伙子开着舢板去救你，你不要，我以为你顾及到别人；第二次，我又派出一只快艇，你还是没有上来；第三次，我以最高的礼仪待你，直接派一架直升飞机扔下绳索来救你，可你还是没有接受。所以，我以为你肯定是着急想要早点回到我的身边来，可以每天陪伴我。”

心灵直通车： 其实，生命中的诸多不幸不是来源于外在的环境和他人的行为，而是由于我们自己的顽固不化和任性。这种不幸的结果是完全可以避免的。适当的时候，给别人一个援助你的机会，就等于给自己一次重生的机会。

静心

对自己不满是任何真正有才能的人的根本特征之一。

——契诃夫

雷德蒙·钱德勒是法国著名的侦探小说家，也是世界小说史上最伟大的作家之一。他开创的“硬汉派”侦探小说，给当时侦探小说的发展带来了深远的影响。他塑造的侦探形象“菲利普”和其他侦探小说中的人物如福尔摩斯、马洛等一样，被大众认为是经典的艺术形象，深深地吸引着众多的读者。

钱德勒的文学生涯颇具传奇色彩。早在读书时，钱德勒就担任过很多家报社和杂志社的自由撰稿人。那时，他在文学上的才能就已经崭露头角。

然而成年后，由于某些因素，钱德勒放弃了文学创作。他先是当兵，转业后又进入一家大型石油公司工作。他从一个最普通、最不起眼的办公室小职员一直干到公司经理的职位。他在这家公司一干就是十三年，如果中途没有什么变故，钱德勒很可能会一直在那个位置一直干下去，直到退休。

然而，天有不测风云，三十年代的那场经济危机席卷了整个法国。当时，法国各行各业都受到严重的影响，每天有几十家公司相继在经济危机中破产。而他所在的石油公司也没有逃过这一劫，最终在萧条中支撑不下去，倒闭了。

从此，钱德勒的生活陷入了困境。此时的他已经四十多岁，两鬓斑白，为了生计，他不得不另谋出路。

于是，他在早年遗弃的文学才华重新萌发，才有了他后来扬名立万的出头之日。后来，他在一篇回忆录中提起这段艰难岁月时，这样写道："当时，我迫于生活压力，虽是两鬓白发之人，还终日忧心忡忡地在太平洋漫长的海岸边漫无目的地逛荡。由于无所事事，我便开始读一些低级杂志，因为它们比较便宜。但是，我很快就发现这些杂志其实很低俗，但有相当一部分作品却是非常引人注目的，因为写得相当诚实、有力、贴近生活、触动人们敏感的神经。我认为这种方式不仅可以学习写作，同时还是挣钱糊口的捷径。受此启发，我花了将近五个月的时间写完自己的第一部两万字的短篇小说，换来两百法郎的稿酬。从那以后，我便一发不可收拾，再也没有回过头。"

钱德勒就是在这样的环境下重新拾起他的文学创作的。几年后，他的又一部长篇侦探小说——《长眠不醒》——大获成功。他本人也从此成为闻名于世的小说家，发表了一部又一部作品。

心灵直通车：每隔一段时间，静下心来过滤一下杂乱的思绪，暂时停下手里的工作，给自己的大脑腾出一块空间，想一想自己正在做的事是否与理想一致。如果大相径庭，就考虑下是否需要转换。这样，你就能在日常琐碎的生活中时刻理清思绪，始终朝自己所追求的梦想前进。

一个财政部长的演说

忘掉今天的人将被明天忘掉。

——歌德

财政界一位举足轻重的人物按照约定，要为南卡罗来纳州的一所学校发表公益性的演说。

消息一经传出，整个礼堂早早地就挤满了人。稚气未脱的学生绝不会放弃这个千载难逢的好机会，大家对于能够听到这种大人物的演说，并且近距离地与她接触都翘首企盼，全场气氛沸腾起来，个个都兴奋不已。

在州长进行了简短的介绍之后，演讲开始了。演讲者直接走到麦克风前，面对着礼堂的听众，停顿了片刻，然后由左向右扫视了一下会场，笑着点了点头，开门见山地说道：“我出生时，生母就是个聋子，没有办法和我说话，因此，我不知道自己的亲生父亲到底是谁，更无从知晓他是否还存活在人间。我人生的第一份工作就是到棉花田里去做事。”

台下一片安静，所有听众都呆住了。

“如果情况不尽如人意，我们总是可以想尽一切办法扭转局面使之改变，”她继续说，“一个人明天究竟会怎么样，不是由我们出生时的状况决定的。”这时，她的语气变得有些低沉，轻轻地重复了刚刚说过的，“如果情况不尽如人意，我们总是可以想尽一切办法扭转局面使之改变。”

“一个人若真想改变面前那充满不幸或不尽如人意的情况，只需要回答一下这个最简单的问题：‘我到底希望情况最终会变成什么样？’然后付诸行动，全力以赴，朝理想的目标一步步前进即可。”

说完这些，她的脸上浮现出一种具有独特魅力的笑容：“自我介绍一下，我叫阿济·泰勒·摩尔顿，今天是以美国财政部部长的身份为大家演说的。”

同学们个个目瞪口呆，片刻后，全场一片哗然。

心灵直通车：最简单的问题也是人生长河中最具有考验性的问题，给出完美答案的人自然是成功者，而得到最低分数的人往往是懦夫，也只有懦夫才会无所选择。当我们感到生活和我们开了一个大大的玩笑时，当我们的感情受到欺骗时，请振作起来，不要悲伤，也不要难过，相信美好的一天就在明天。

第三章
Part3

追随灵感：寻找生命的指明灯

一个不屈服的女人

人生苦短，若虚度年华，则短暂的人生就太长了。

——莎士比亚

从那一天开始，安娜好像有了一个“过目不忘”的特殊功能。因为，她的脑海里一直浮现出那位同车而行的美丽少妇，安娜始终不能忘记她当时的表情。

那一天，去得克萨斯的空调大巴停在那里，里面几乎坐满了人，只有最后一排还有一个空位。这时，司机启动了汽车引擎，但始终没有开车，售票员一直在大声吆喝着，不愿放弃这最后的努力。被售票员最后招呼上来的就是她。她刚站在车门口，车就停了下来。大家眼前一亮，只见她衣着十分华丽，气质也是如此的典雅。她背着一只漂亮、小巧的桔红色皮包，臂弯里还抱着一只雪白色的哈巴狗，看样子，这条狗应该是家里的宠物。那可爱的小狗和衣着打扮得体的她，给人一种美丽而华贵的感觉。她望了望最后一排的空座，似乎有些犹豫，但车没有等她考虑，就缓缓开动了。

车缓慢行至一处偏僻的地方，突然停了下来。车上的黑人司机和售票员扫视了一下所有的乘客，然后以强硬的口气向所有人宣布："增收十美元的交通费，收齐了再开车。"

车里由刚才的熙熙攘攘瞬间变得安静了，愤怒充斥着整个车厢。随后就是不断的责问、议论，愤愤的抗议声接连不断。然而，黑人司机和售票员面无表情地站在车厢中间，不做任何解释，也不争辩。过了一会儿，两人径直走向车前的第一位乘客，用凶悍蛮横的眼光盯着他。第一位乘客看起来是个做小本生意人的人，他看到那凶悍的眼神后，抱着破财免灾的想法，把钱交了上去。后面的乘客们也以不同的方式表达着心中的不满和愤恨，但是，最终都如数交纳。车里顿时充斥着掏钱声和牢骚声。

售票员对此充耳不闻，事实上，他是懒得和这些乘客们争辩，只要求他们乖乖地交出钱来。售票员盯着乘客掏钱，一路慢慢地收过去，这似乎是双方的心理博弈。几个人过后，乘客们似乎感觉到责备和咒骂根本就没有用，抗议声便渐渐消失了。后面再有不愿意交钱而推诿的，反而遭到其他乘客的催促："快点吧，交完车就开了。"

就这样，司机和售票员顺利地从车头收到车尾。轮到那位最后上车的美丽少妇了，在整个过程中，她一直呆呆地望着窗外，好像压根没有看见车内的这一幕。

售票员走近她，对她大声嚷道："交钱，快交钱！"

"还交什么钱？"她转过头心平气和地问。

售票员举起刚收上来的一摞钞票，朝她扬了扬喊道："就这个，就差你一个了，没看见吗？"

少妇不再理会，重新把头扭过去，望着窗外。

售票员没想到在这儿会碰壁，脸一拉，面露狰狞，大声吼叫起来："你到底交还是不交？"

这时，少妇怀里的哈巴狗好像是受到了惊吓，它缩了缩，紧贴在少妇怀里。少妇为此低下头，用纤纤素手轻轻拍抚着它，再也不看售票员，既不掏钱也没有说话。车里的人七嘴八舌地说："算了，还是交了吧，都着急赶路，你也不缺这十美元。"

少妇一动不动地端坐着，犹如一尊塑像。

售票员听了乘客之言，便觉得自己是在替乘客打抱不平，而这位少妇就是大家的公敌。售票员义愤顿生，不由分说，挥掌朝少妇打去。

少妇美丽的脸被一巴掌打得歪向了一边，然而，她却迅速地扭转过来，直视售票员。她依然沉默，只是用无畏和轻蔑的目光死死地盯着他。售票员似乎还欲出手，但仿佛有一种无形的力量紧紧地摁住了他，他的手僵在半空中，一动不动。车厢内刹那间一片寂静。所有人都感受到了，少妇那平静的脸上折射出一种强烈且具有震慑力的力量。她绝不是没有这十美元，而是不肯屈服做人的尊严。

车开动了，载着一车屈服的乘客，还有那唯一不肯屈服的美丽的女人。

心灵直通车： 有时候，我们应当为一些事妥协；但有些时候，我们却不能放弃尊严。为了捍卫一些值得去捍卫的东西，我们应该坚持自己的立场，不惜牺牲一切代价。所谓"尊严无价"，就是这个道理。

指路

当面恭维的人背后便会诽谤。

——富勒

里迪尔和女友刚刚分手，情绪低落，心中也是异常烦闷。这天，他百无聊赖地踢着路边的小石子，毫无目的地在大街上晃荡。突然，他的小腿不知被什么东西猛敲了一下，疼痛顿生，他恼羞成怒地转过身，原来，一位中年人正站在他的身后。

此人看起来有四五十岁，戴着一副墨镜，手里拿着一根细细的竹竿。显然，这是一位中年盲人。盲人仿佛已经意识到自己面前正站着人，他停下脚步，朝里迪尔稍稍点了点头说："对不起，请问，哈威路应该怎么走？"

原本，里迪尔由于心情不佳，想借此机会痛骂一顿这位贸然出现的人，但一看到他是盲人，便压下了心中的怒火，忍住了。一听到盲人向自己问路，立刻有一个邪念瞬间闪过大脑——戏弄盲人，应该很有意思。

于是，他假装热情地说：“沿着这条路继续往前走，再走过两个这样的路口，就到哈威路了。”

盲人点头谢过里迪尔，按照他的指示，用竹竿点着地面，一步一步地向前走了过去。其实，里迪尔指的这条路正在修建，路面年久失修，崎岖不平，现在又堆满了沙子和石子，非常难走。盲人刚走几步，就踩到一颗小石子，一个趔趄使他差点摔倒。

看着盲人的速度越来越慢，一副步履蹒跚的样子，里迪尔心中的烦闷似乎消失了，他开心地笑着，好像得到了一种扭曲了的满足。

正当里迪尔全神贯注地看着盲人时，背后一辆飞驰的摩托车朝他的方向而来。就在他扭头的一瞬间，摩托车已经贴近了他，与他擦肩而过。

顿时，里迪尔觉得自己像气球一样被突然来袭的风卷了出去，无法控制自己。风息了，自己马上就要坠落在地上，里迪尔本能地伸出手臂想撑住身体，但由于速度过快、用力过猛，只听“咔嚓”一声，肩膀竟然一下子脱臼，耷拉下来，痛得里迪尔哇哇大叫。而撞到他的摩托车的车主可能是受了点惊吓，稍稍停顿了几秒钟，便转身扬长而去，不见了踪影。

刚走出不远的盲人听到里迪尔突如其来的惨叫声，毫不犹豫地又折了回来。他用竹竿摸索着走到里迪尔身边，问他出了什么事。里迪尔用另一只手强撑住地面，痛苦不堪地说：“我刚才被摩托车撞倒了，肩膀疼痛难忍，可能是脱臼了。”

“别乱动，让我给你看看！”盲人摸索着，俯下身，用手摸了摸里迪尔胳膊的脱臼处，说道，“不是很严重，你忍耐一下，我帮你，很快就可以复原了！”

盲人一只腿跪着，另一只腿的膝盖顶住里迪尔的背部，慢慢摸索着，小心翼翼地将脱落下来的手臂重新移到关节处，熟练地用手掌用力一拍。只听“咔”的一声，里迪尔觉得疼痛立刻消失了，看来是胳膊装上了，扭动几下，竟然完好如初。

里迪尔看着眼前的中年盲人为他做的一切，心如刀绞，胸口一阵疼痛，而且不比刚才胳膊脱臼时的疼痛轻。

里迪尔紧紧握住盲人的手，一时语塞："我……我，我真不知道该如何报答您！"

盲人笑了笑，轻轻擦掉额头上的汗水，站起身说："瞧你说的什么话呀，你刚才不也是热心地帮我这个盲人指路了吗？人活在世上，不是一个个体，本就应该互相扶持、互相帮助。"

心灵直通车： 灾祸来自于一次对别人故意的戏弄，帮助却来自于对别人的一次虚情假意。如果没有经历这样一次突发事件，"烦闷"和"无聊"这两个孪生兄弟不知还要在他心中占据多久，幸亏有人及时站出来，让他感受到人活着的那份真诚的力量。

爷爷种下的西瓜

对于过去不幸的记忆，构成了新不幸。

——塞万提斯

小时候，克奇尔每年都盼望着过暑假。因为一到暑假，父母就会带他回老家，回到位于内布拉斯加州的爷爷家。

在克奇尔的记忆中，爷爷是个佝偻着瘦弱的身子、瘸了一条腿的老人。听爸爸说，爷爷年轻时十分英俊，而且很能干，曾经做过一段时间的教师，二十六岁时还入选为州议员，但当事业顺风顺水的时候，他却患了一场大病——糟糕的中风。

在那宽阔的原野上，有着高高的草垛，伴随着牧童吆喝声的还有"哞哞"的牛叫声和响彻农场的鸟鸣，这一切的一切，都使克奇尔留连忘返。

一天早上，克奇尔和爷爷一起走着，他兴致勃勃地说出了自己的愿望："爷爷，等我长大了，一定要来农场，和您一起种庄稼！"

“那你想种什么呢？”爷爷笑了。

“我要种西瓜。”

“哟，”爷爷笑眯眯的，一双棕色的眼睛盯着克奇尔，然后快活地眨了眨，“那么，现在就让我们播种吧！”

于是，克奇尔跑向住在附近的玛丽姑姑家，要来了五粒饱满的黑色瓜子，还取来了锄头。在一棵橡树下，爷爷和克奇尔整理了一小块空地，翻松了泥土，然后把西瓜子小心翼翼地撒下去。做完这些，爷爷说：“接下来，就是漫长的等待了。”

当时，克奇尔很小，根本不懂“等待”是什么意思。那个下午，克奇尔每隔半个小时就跑过去，不知到底跑了多少趟，就是想去看看他的西瓜地。这期间，也不知浇了多少次水，竟然把一块小小的西瓜地变成一大片泥浆。谁知，直到太阳公公下了山，连个西瓜苗的影子也没有看到。

晚餐桌上，克奇尔不耐烦地问爷爷：“爷爷，我从下午开始，一直等到了现在，我究竟还要等多久呀？”

爷爷笑笑说：“耐心点，很快的。”

第二天清晨，克奇尔刚醒过来，就往瓜地的方向跑。咦！一个又大又圆的西瓜正朝着他笑呢！克奇尔兴奋地欢呼起来：“我种出了世界上最大的西瓜了！”

过了很多年克奇尔才知道，原来，那个西瓜是爷爷费了九牛二虎之力才从家运到瓜地里的。尽管这样，克奇尔也不认为那是一种无聊的游戏，不是爷爷哄骗孙子的小把戏，而是在一个不谙世事的纯真的孩子心中适时播下的一颗充满智慧与希望的种子。

如今，克奇尔早已长大成人，而且有了自己的孩子，事业方面也有所成就。

克奇尔始终认为，自己现在的乐观性格与目前拥有的成功生活，都是源于爷爷当年在橡树下为他播下的西瓜种子。爷爷原本可以直接告诉他，内布拉斯加州的土壤不适合种西瓜，更何况，八月中旬根本不是种瓜的时节，而且在浓郁的树荫下也不可能种出西瓜来……

但是，爷爷却没有这么做，而让克奇尔真实地体验到了“希望”和“成功”的滋味。

心灵直通车： 在生活中，有很多事物会受到周边的自然条件和其他外在因素的限制，然而，给予他人快乐、慈爱、希望，是不会受到任何条件的制约。只要你愿意，我们就可以让自己的希望永远生长在那片沃土中，不断发芽、茁壮成长，最终开出美丽的花。不要因为外在的繁琐小事而放弃我们曾经纯真的梦想。

一个和多个的区别

倘若你想征服世界,你就得征服自己。

——陀思妥耶夫斯基

非洲的某个地方，一直居住着一个名叫亚米亚尼的原始部落。这个部落的人口不多，但是已经有上千年的历史，尽管历史的车轮一直向前滚动，科技飞速发展，但这个原始部落却一直不受外界干扰，延续着以前的族规一直到现在。为此，人们都认为那里是个“世外桃源”，许多人慕名而来。

一天，一群欧洲人随观光团来到这里。他们看到部落里有位年过百旬的老者，穿着一身白袍，盘着腿安详地在一棵菩提树下专心做草编。

草编非常精致，吸引了前来观光的一位法国商人。商人想：如果将这些精致的草编作为圆帽或花篮一股脑运到法国，巴黎的女人从此戴着这种草编的小圆帽，挎上这精致的花篮，那将是复古与时尚的结合体，是多么的风情万种，一定能引起很大的轰动，风靡一时啊！想到这里，商人显得有点亢奋，他走上前激动地问：“一件草编多少钱？”

“十比索。”老者微笑着头也不抬地回答道。

天哪！真是一个好商机，用不了多久，我就能发财了，商人一时欣喜若狂。

“假如我一次性买十万顶草帽和十万个草篮，你能给我优惠多少呢？”

“如果那样的话，一件就需要二十比索。”

“啊？”商人以为自己听错了，他扽了扽自己的耳朵，大声喊道：“为什么？”

“不为什么！”老者听到他的叫嚷，似乎也生气了，“做一模一样的草帽十万件和一模一样的草篮十万个，这会让我直接乏味死的。”

心灵直通车： 现代社会，人们在追逐财富的过程中，只知道一味地追求利益最大化，从而忘记了生命里除了金钱之外的许多更加珍贵的东西——那是不可能用金钱或财富来衡量并交换和购买的。

微笑的时候

害羞是畏惧或害怕羞辱的情绪，这种情绪可以阻止人不去犯某些卑鄙的行为。

——斯宾诺莎

威廉·史坦哈和太太的婚姻已经有十八个年头了，在这漫长的岁月里，史坦哈每天从早到晚，年复一年、日复一日，很少与太太交流，更别说是对太太微笑和说几句开心的话了。同样，太太似乎也习惯了，她也很少对他微笑，有事说事，除此之外，从不与丈夫闲聊或是说多余的话。史坦哈觉得，在自己认识的人中，自己算得上是百老汇里最郁闷的人。

后来，史坦哈利用空闲时间参加了公司推荐的短期培训班。临近结业时，老师根据每个人的情况，给大家布置了不同的作业。

老师留给史坦哈的作业是要求他以“微笑的经验”为题目进行一次演讲。他决定事前体验一到两个星期。

第一天清晨，史坦哈准备去上班，出门前，他对太太大声打招呼，微笑着说：“再见，祝你今天有个好心情！”

路上，他对地铁里的检票员点头微笑着说：“谢谢！”

到了公司，他对大厦的电梯管理员微笑着打招呼：“早安，玛瑞拉小姐。”他还尝试着用迷人的微笑对大厦门口的警卫员打招呼。

当他来到交易所时，改变了以前那副公事公办的态度，对那些从没见过他微笑的人投以灿然的微笑。

就这样过了一段时间，史坦哈发现，他的生活似乎发生了翻天覆地的变化：身边的每个人都微笑着面对他，而他每天都有一个愉悦的心态，以开朗和真诚的态度面对一个个满腹牢骚的人。他一面耐心地听别人的抱怨，一面微笑着开导别人，于是，问题很快得到了解决。

史坦哈还发现，微笑不仅可以给自己带来颇丰的收入，还能给他带来无尽的快乐。

史坦哈一直与另一位经纪人在同一间办公室里办公，对方是个帅气且惹人喜欢的年轻人。史坦哈悄悄地告诉那位年轻人自己最近经常对他人微笑后的深切体会和巨大收获。

年轻人听后，笑着点点头，真诚地说：“当我一开始和您在同一间办公室工作的时候，我认为像您这样的人肯定是个枯燥、乏味，且没有情趣的人。但最近，我改变了对您的看法——当您对我微笑的时候，您的五官充满了幽默和无限的活力。”

其实，笑容是内心的信使，笑容能照亮、渲染周边的人。对那些整天眉头紧锁、忧心忡忡、沉默寡言的人来说，笑容仿佛雨后的彩虹。尤其是对那些偶尔受到老板、客户、邻居和家人的指责而感到郁闷和压抑的人来说，你真诚的笑容能帮助他们度过短暂的痛苦和心理挫败的难关，让他们在无尽的绝望中重新看到希望的曙光。

毫无疑问，威廉·史坦哈的结业演讲得到了老师与在场所有人的一致好评。他也从心底衷心地感谢他的培训老师，因为他的一次指点，把他以后的人生改写成了另一个版本，有了翻天覆地的改变。

心灵直通车： 微笑是人与人之间沟通的最好方式，微笑可以使陌生人之间的关系更近，使身边人的心靠得更近；微笑还可以化解彼此的恩怨，“一笑泯恩仇”就是这个道理。所以，当你微笑着面对一切时，世界也正在对你微笑；当你微笑的时候，命运也开始对你露出微笑。

提防风

你必须相信自己，这是成功的关键。

——卓别林

在克尼斯纳小镇旁边的一片树林里，一个上了年纪的林工正在给身边的孩子解释应该怎样伐树。他指出："如果你不确定哪棵树砍倒后会落在哪里，就千万不要去砍它。树总是朝支撑力量比较少的那一边落下，所以，你想使树朝哪个方向落下，只要朝那边砍伐，削减那一边的支撑力就可以了。"

丽莎半信半疑地听着。她在想，如果稍有差错，树就可能倒向另一边，砸毁旁边的一幢房子，或者破坏一间砖砌的车库，那样的话，就可能引来麻烦。

她满心焦虑，在两幢建筑物中间的空地上划了一条线，做好标记。那时还没有链锯，人们伐树主要是靠人的腕力和技巧。老林工看起来虽然有六十多岁，但臂力却是很大的。只见他朝双手手心啐了一口口水，找准方向，挥起斧头，向那棵巨松用力砍去。

过了大约半个小时，那棵树果然如老人所预料的，不偏不倚地倒在中间画的标记线上，而且树梢离房子还有一段距离。丽莎称赞老人砍伐树木竟然会如此准确，他似乎也有点惊讶，但笑了笑，没有说什么。不到半天工夫，老人就将那棵树分段砍成了大小不一的圆木，又把所有的枝杈劈成了柴火。

当他把斧头扛在肩上，正准备转身离开时，却突然对身边的孩子说："今天，我们运气好，天空晴朗，没有风。但是，永远要小心谨慎，特别是要提防风。"

老林工的言外之意，在丽莎长大成人数年后，一个心脏病人在一次成功的心脏移植手术后突然去世，当看到那份验尸报告时，她才恍然大悟。那次手术出乎意料地顺利，病人也是积极地配合，手术后，恢复情况也非常好。然而，忽然间，局势扭转，这位病人竟出乎意料地死了。验尸报告显示出，这位病人的腿部曾有一处微伤，伤口感染了，从而影响到了肺部，导致整个肺部立刻丧失了机能。

事过多年，老林工的脸依然清晰地浮现在丽莎眼前，他的声音在耳畔飘荡着："永远要小心谨慎，特别是要提防风。"

心灵直通车：尽管老林工和他砍树的斧子早已入土，但是，他却给我们留下了一个引以为戒的教训：天公不作美，它会嫉妒我们有时太顺利，于是情不自禁想要捉弄我们一下，让我们措手不及。因此，当我们顺风顺水时，千万不要得意忘形，给上天提供有机可乘的机会，从而让我们乐极生悲，留下终身遗憾。

人生宛如数星星

没有哪一个聪明人会否认痛苦与忧愁带来的锻炼价值。

——赫胥黎

有一位名叫谢诺阿的年轻人与他的大学教授德里先生在路上巧遇，两人十分高兴。一阵嘘寒问暖之后，老教授关心地询问谢诺阿的近况。

听到昔日恩师的真诚问候，谢诺阿犹如久旱逢甘霖般，将自己离开学校后这些年在工作生活等方面的遭遇，一五一十地向德里教授全部倾诉出来。

老教授非常高兴，因为谢诺阿把他当作了倾诉对象，这是对老师的一种信任，或许是期待他作为老师，能帮他出谋划策吧。

他自始至终保持着微笑，耐心地听着谢诺阿的抱怨。就这样，好不容易等到谢诺阿的情绪收敛一些，告一段落后，老教授便点点头，问道："看来，你的状况并不是十分理想，不过，这不重要，你有没有真正地想过要改变目前的状况呢？想不想让自己过得更好一点呢？”

谢诺阿急忙回答：“当然想了，我做梦都想过得更好呀！教授，您有什么好的方法吗？”

老教授看了看谢诺阿，侧头想了想，神秘一笑道：“的确有一个好方法，明天晚上你要是有空，就到这个地方来找我吧！”说着，老教授掏出一张名片，递给了谢诺阿。

第二天晚上，谢诺阿早早地就来到了德里教授指定的地方，那是位于市郊附近的一处十分简陋的平房。老教授看到谢诺阿真的来了，高兴地在屋外的院子里摆了两张摇椅，端着茶，邀请谢诺阿坐下来一起聊天，等到天黑后，一起看天上的星星。

德里教授不慌不忙地和谢诺阿聊了很长时间。刚开始，谢诺阿还比较有耐心，两人天南海北，聊得很有兴致。不知不觉，天已经黑了，谢诺阿突然想起正事，开始急躁起来。他打断了德里教授的闲谈，要求他言归正传，快点告诉他如何才能使自己以后的日子过得更好。

德里教授抬起头，微笑着指向天空：“现在，你能数得清天上到底有多少颗星星吗？”

谢诺阿挠了挠头，耸了下肩：“这个当然数不清了，但是，这与我又有什么关系呢？”

德里教授望着一脸不以为然的谢诺阿，语重心长地说：“孩子，你要知道，在白天，我们肉眼能看到的距离我们最远的东西，就是太阳；但是在夜间，我们却能够见到比太阳远很多倍的其他星体，而且不止一个，数量多得不计其数……”

谢诺阿似乎有所感悟，他一会儿抬头仰望天空中的星星，一会儿又低头沉思，仔细琢磨德里教授刚才说的话。

德里教授继续说道：“我知道，你目前的情况不是很理想，但若是年轻时，家庭和事业就一帆风顺，这样终其一生，虽然不是什么坏事，但你的一生也就只能看到一个太阳。重要的是，当你的人生一旦进入黑夜，你是否有能力看到更高、更远、更多的星星呢？”

谢诺阿沉默了，他的思绪飘向了远方，仿佛带着他飞进了宇宙的最深处。他感觉自己在天空中飘荡着，最终站在了珠穆朗玛峰的峰顶，心中豁然敞亮：未来一片大好美景，正在眼前慢慢地扩展开来……

心灵直通车：对一些小事，我们可以一目了然，看得非常清楚，但在许多大事面前，我们往往犹豫不决，看不清本质。生活要求我们时刻保持冷静，仔细地看一看，多反省自己，这样才能在成功的道路上越走越远。

一根松散的鞋带

抛弃时间的人，时间也抛弃他。

——莎士比亚

北京的一家大型超市，地理位置优越，临近高密度居民区，生意也是相当红火，营业额每月都以5%~8%的幅度稳定增长。

但是，意外的事情发生了，在一个月的月底，财务部结算，发现当月营业额与上个月相比竟然下降了10%。财务部以为是他们计算失误，但经过再三核实，财务方面确实没有出现差错。看来，营业额真的下降了，这是一个极其严重的问题。

于是，财务部迅速将这一情况向总经理作了如实的汇报。总经理听后，也是十分诧异，迅速召集营销部的所有工作人员，命令他们立即调查营业额下降的原因，一周内必务要交出结果。

营销部雷厉风行，迅速展开了对市场的全面调查。一个星期过后，调查范围无一遗漏，但仍然一无所获。工作人员面面相觑，不知该如何向总经理汇报。后来，一名员工不动声色地递给总经理一张前几天的报纸，这才使营业额迅速下降的秘密得以解开。

原来，在两个月前的一天，一名中年女顾客到这家大型超市购买日常用品，在结账的时候，她发现收银员少找了她一美元，但收银员一再坚持，认为自己没有找错。因此，两人发生了小小的争执，引来了周围很多顾客的关注。

尽管后来那位收银员也做出了让步，但中年女顾客认为自己受到了极大的侮辱，回去后便将此事在自己居住的小区大肆宣扬，还写了一篇短文，用犀利的语言批评了这家大型超市的人员素质以及服务质量。

该文章就刊登在当地一个大型社区主办的社区报纸上，而这份报纸服务的对象就是商业区周边的几大居民区，这家超市有近一半的顾客来源于这些居民区。

于是，总经理立刻派人找来那名收银员。令他惊讶的是，这个收银员竟然是他曾经亲自颁过奖，且多年来连续荣获公司“优质服务模范个人”称号的优秀员工。

在交谈中，总经理了解了事件的前因后果，还弄清楚了令这位优秀员工一时失职的原因。

那天上班，她与往常一样，早早地起了床，收拾好后匆匆赶到附近的公交车站。就在她和一群上班族拼命挤向车门时，她的鞋带突然开了，就这样，鞋子从脚上掉了下来。她迫不得已又挤出人群去找鞋子，等她穿好鞋子后，车里已经装满了一车人，晃荡着开走了。

无奈的她只好等待下一趟班车。但是，下一趟班车由于交通拥堵，晚了一些，一向早到公司的她迟到了。

她刚一迈进超市大门，就被当天的值班人员狠狠地批评了一顿。接下来的时间里，她的心情一直不好。当那位中年女顾客提出异议时，她受到情绪的感染，言语不够温和。

听完收银员详细的叙述，总经理原来紧绷的脸松弛了下来。他思忖了一会儿，严肃地说道："以后多注意自己的行为，切记系好鞋带，防止它又突然一时松懈。"

这就是一根普通的松散了的鞋带在大型超市里引发的一次营业额下滑的故事。

心灵直通车：影响心情和生活状态的，往往都是一些细小的事情。一个小动作、一个眼神、一次迟到等，这些看似微不足道的事情都可能引来一次重大的事故。

"小不忍则乱大谋"就是告诫人们，一切从身边的小事做起，只有将小事处理得有条不紊，在大事面前才能坐而不乱；如果连基本的小事都处理得一塌糊涂，那么，后面还不知有多少意想不到的事情等着我们呢。

比塞尔人

虽然世界多苦难，但是苦难总是能战胜的。

——海伦·凯勒

在西撒哈拉沙漠中，有个旅游胜地，那就是比塞尔。比塞尔风景秀丽，被誉为沙漠中的一颗璀璨明珠，每年有数以万计的不同肤色的旅游者从四面八方来到这里。但是，在肯·莱文没有发现它之前，它一直是个封闭、贫瘠而落后的地方。

没有一个居住在这里的人走出过这片沙漠，据说，不是因为他们自己不愿意离开这块生养过他们的贫瘠土地，而是他们尝试了千百次，但都无功而返，始终没有走出去。

肯·莱文作为外地人，根本不相信人们的说法。初来乍到，他不懂当地的语言，用手连比带划地咨询。结果，每个比塞尔人的回答都如出一辙："这里简直是与世隔绝，不管你付出多少努力，朝哪个方向走，几经周折，转来转去，最后还是会回到出发的地方。”

为了证实人们的这种说法，他尝试着做了一次试验。他以比塞尔村为起点，一直向北走，只用了三天半的时间就轻而易举地走出了这片比塞尔人从未走出的大沙漠。

那么，比塞尔人为什么会一直走不出来呢？肯·莱文感到非常好奇，他决定雇用一个比塞尔人，由他带路，看看究竟是什么原因。他们带上半个月的水，牵着两峰骆驼，肯·莱文也收起指南针等外界的现代设备，拄着一根木棍跟着比塞尔人。

就这样，十天过去了，他们大约走了八百英里的路程。直到一天早晨，肯·莱文睁开眼，才发现自己竟然真的返回到了比塞尔村。这一次，肯·莱文彻底明白了，比塞尔人之所以走不出这片大沙漠，是因为他们当中没有人认识北斗星。

在一望无际的茫茫沙漠里，一个人如果单凭感觉一直往前走，最终的轨迹一定是一个圆圈，最后十有八九是一把卷尺的形状。而比塞尔村位于一望无垠的沙漠中，方圆上千公里几乎一模一样，没有任何特殊的东西可做参照物，若是不认识北斗星，又没有现代化的指南针，要想走出沙漠，只能望而兴叹了。

后来，肯·莱文找到了带他进行试验的比塞尔青年——他的名字叫阿古特尔——告诉他怎样能走出沙漠。他的方法是，白天休息，夜晚朝着北斗星的方向走，肯定能走出去。

阿古特尔按照他的指示，三天后，果然走到了沙漠边缘。阿古特尔也成为了第一个走出比塞尔的开拓者。后来，他的铜像被竖立在小城的正中央。铜像的底座上还篆刻着一行字：“新生活的起点是选对目标的地方。”

心灵直通车：没有方向的探索只是徒劳一场。要想成功，就要运用智慧确定正确的目标，然后勇敢地、坚持不懈地朝前走，无论遇到任何情况，都不要退缩、不要气馁。

危险的自我意念

语言是思想的外衣。

——约翰逊

玛丽在医院工作，是一位心理治疗师。也许是因为常人所说的职业病，她对日常生活中的一切都充满了极大的焦虑和质疑。

“其实我是很怕人的，”一次，她无意中对自己的朋友弥丽尔·奇说，“你觉得是不是有点好笑？”

一个一天绝大部分时间都在为病人治病的心理治疗师，竟然说自己会怕人，实在是有点不可思议，可是现实中，玛丽正如她自己所说，真的就是这样。每碰到一位新的患者来访，玛丽总是有种不安的心理，面对病人，她显得很焦躁，内心充满恐惧。

“我真的能够帮助他们吗？是不是应该立即把他们转到能帮他们快速解决问题的优秀的治疗医生

那里呢？他们到底会怎么看我？”在上班的大部分时间里，玛丽总是精神紧张，似乎有点惶惶不可终日。每次面对病人之前，玛丽都要做几个深呼吸，对自己先鼓励一番。

在玛丽的成长过程中，她的表现总是与兄弟姐妹格格不入。他们是那么优秀、令父母骄傲，自己和他们相比，是那么的相形见绌。

这样的自我认知从幼年开始一直伴随着她，即使是在现在的工作中，她也时常把那些属于自己的患者转诊给同事，原因并非是她无法对症下药、解决患者的问题，而是在她的心里，总觉得自己或许不太合适。

正如她对朋友说的：“我对患者根本没有那么绝对地投入，我在诊疗室上班每天用很多的时间与他们交流，但是心里总会冒出这样的念头：我到底做得如何？我是多么地不适合担任这样的咨询工作，是不是应该让他们尽快去看更好的心理医生呢？我满脑子被这些念头所占据。除了与来访的患者谈话交流，我还时常会想，假如是另一位治疗师，他们该如何处理呢。有时我也会忘掉这些混乱的思绪，全身心地投入到工作中，真正地帮助那些患者，解决他们面临的问题。可是，情况似乎很奇怪，因为我的意念很多时间都是非常混乱的。

“当了这么多年的心理治疗师，我会时常督促自己不要忘记加强咨询技巧，这样才能更好地帮助病人。可是，我也时常会担心自己再次陷入流沙中无法自拔。不论我花多少时间和力气来证明自己可以当一名合格的心理治疗师，但总是事与愿违，只要一有空闲，我就可能发现自己无法完全胜任眼前的这份工作。

“十多年来，这种感觉如影相随，一刻都没有离开过我，可是，我就是没有办法阻止它，让它停止。自从知道了自己的想法是由那每一分每一秒的意念所引起，那种根本无法胜任的感觉就会被抛开，不再困扰我。”

弥丽尔·奇好奇地问她：“那自身真正的改变到底是什么呢？”

“我从此变得更加了解自己，”她说，“根本就没有什么事情值得我担心害怕的。原来，担心和恐惧的感觉一直存在于自己的脑子里，这些全都是因为自己的意念在作祟。一旦想起这个原因，我就觉得自己变得好多了，虽然脑子里还是偶尔会闪现出对自己能力质疑的想法，可是，一想起这所有的一切都是由于意念这种东西在背后搞鬼，这些负面消极的念头就消失得无影无踪了。

“现在，我能心平气和地与患者交流，可以把全部注意力放在他们那里，而不是放在自己身上。我能认真倾听患者的每一句话，也能仔细聆听出自己的智慧和深刻的洞察力，它们才是我的左膀右臂，能协助患者分析、解决问题。

“经历过这些后，如今的我，对自己感到非常满意，也觉得自己有能力，可以胜任这一切。因为只要一想起那些意念是由自身因素所导致的，过去那些恐惧、缺乏自信的想法就会立刻烟消云散。

“终于，我发现了自己的潜能。因此，我可以借机发挥所长，真正替患者解决问题、减少痛苦。”

心灵直通车：无论有什么样的专长或处于什么职位，我们总是难免产生一时的质疑或倦怠。因为作为一个个体，你我都会对那些无法预测的事情产生瞬间的惊慌失措从而毫无头绪，但这些并不代表我们无法胜任。只有当我们面对那些不可预测的未来，不再忧心忡忡时，你才能信心百倍地去迎接、挑战那未知的明天。

不要过于匆忙

人的一生可能燃烧也可能腐朽，我不能腐朽，我愿意燃烧起来。

——奥斯特洛夫斯基

总裁杰克是个年轻的小伙子，做什么事都雷厉风行、追求效率，包括他平时开车，速度也比常人快。这天，他像平时一样，开着他刚买的汽车快速地通过住宅区的巷道。这段路不是很好走，他必须多留意住宅区打闹的孩子是否会突然冲出来或是发生其他的意外，所以当他一看见有小孩子要跑出来时，就会立刻减慢车速。然而，小心归小心，就在他的车经过一群玩耍的小朋友身边时，还是没有逃脱恶运，车门被一个小孩扔出的一块砖头打到了。他心中的怒火油然而生，愤怒地踩下刹车，并拼命按着喇叭，后退到砖头被扔出的地方。

他拉开车门，抓住了那个使坏的小孩，一下子将他顶在车门上，使他无法动弹，严厉地说："小毛孩，你知道你刚才做了什么吗？你知道你究竟要赔多少钱来修理我的这辆车吗？你为什么要这么做？”

小孩低着头，哀求道：“先生，真是对不起，因为我不知道我还能怎么办？我丢砖块是迫于无奈，因为无论我怎么挥手，很长一段时间，根本没有一辆车停下来。”小孩一边说一边擦着眼泪。

“我哥哥不小心从轮椅上摔了下来，我实在是没有办法把他抬回去。”小男孩继续啜泣着说，“您能帮我把他抬回去吗？他的身体本来就不好，现在又受伤了，而且他实在是太重了，我拉都拉不动。”

杰克听到孩子的这番话后，心里一阵悸动，决定去帮这个小男孩。于是，他抱起小男孩那受了伤的哥哥，把他放回轮椅上，并拿出手帕擦拭他摔伤的地方。

小男孩十分感激地说：“您真好，先生，上帝一定会保佑您的。”

说完，小男孩用力推着哥哥离开了。

年轻的总裁思绪飞扬，他慢慢地走回自己的车上，手指用力揉了揉脑袋，决定不再修它了。他要让这个洞一直存在，时时提醒自己，千万不能等周围的人扔出砖块，才发现原来自己的脚步走得有点快。

心灵直通车： 匆匆赶路的你，根本没有时间注意身边那些无助的眼神，更不可能伸出自己的援助之手去帮助他们。如果你就此走开，毫不留意，那么，一个闪耀的生命也许就此停止而消失。人的一生，不要过于匆忙，多关注一下周围，或许不经意间，你的人生价值能更好地体现，你的生命也会更加绚烂、更加精彩。

与年龄无关

应该热心地致力于按道德行事，而不要空谈道德。

——德谟克利特

美国华盛顿的一所国立女性艺术博物馆，曾经专门举行过一场名为《摩西奶奶在二十世纪》的画展。

该展览不仅展出了摩西奶奶的主要作品，还陈列了很多其他物品，这些物品都来自五湖四海，是其他国家关于摩西奶奶的私人收藏品。

其中，最引人注目的一件作品是一张极其普通的明信片，这张明信片是摩西奶奶于1960年从美国寄出的，收件人是一位日本人，他的名字叫春水上行。

这张明信片是第一次公布于众，上面有摩西奶奶画的一座大谷仓和她的亲笔留言：做你自己喜欢做的事，上帝会兴高采烈地帮你，无私地为你打开通向成功的大门，这个与年龄无关，哪怕你是八十岁的老人。

摩西奶奶是在什么样的背景下写出上面的这段话呢？

原来，这位来自日本的名叫春水上行的年轻人很喜欢写作，也很想从事与写作相关的工作。可是，事与愿违，大学毕业后，他一直在一家专科医院工作。这样的日子令他很不开心，非常别扭。眼看着就要到三十岁了，他不知自己是否应该下决心放弃眼前这份令自己讨厌但是收入稳定的职业，开始从事自己喜欢的写作。

苦恼之余，他提起笔，给耳闻已久的自己一直崇拜的摩西奶奶写了一封求助信，希望能得到她老人家的指点。

对于这封来自异国的春水上行的信，摩西奶奶显得十分关注并感兴趣。因为过去的大多数崇拜者的来信中，几乎都是一味地恭维和追着向她索要绘画作品的，只有眼前的这封信，来信人是如此谦虚地向她求助，向她请教人生的追求。

虽然当时的她已经是位一百岁高龄的老人，但对于此封来信，还是立即做了的回复。

摩西奶奶原本是美国弗吉尼亚州的一位普通农妇。她一生操劳，在她七十六岁时，因长年的关节炎复发，不得不放弃农活，从此开始了她自幼梦寐以求的绘画生活。

八十岁那年，她在纽约举办了自己的第一次画展，并引起了世界不同国家、不同人群的关注，从而一时轰动全球。

她这一辈子，活了一百零一岁，给后人留下的绘画作品高达六百余幅，即使是在其生命即将终结的最后一年里，她也没有停下手中的画笔，又画了四十多幅作品。

那么，究竟是什么原因让人们极其关注那张看似平常的明信片呢？

原来，那张明信片上的收信人——春水上行——正是当今日本乃至全球文学史上举足轻重的人物，也就是现在大名鼎鼎的作家渡边淳一。

也许正是出于这个原因，每当讲解员向来往参观的人们讲解这张看似普通的明信片时，总是热情洋溢地说出这么几句话：你心里想做什么，那就勇敢地去做吧！不要顾忌自己的年龄有多大和目前的生活状况如何，因为，你内心渴望做什么和你最终能否取得成功，没有直接的关系。

心灵直通车：你最愿意做的那件事，才是你真正的天赋所在。人到底该在什么时候做什么事，并没有明确规定，如果我们想做，就从现在开始。有的人总是说："已经晚了。"实际上，"现在"就是最恰当的时候。对一个真正有追求的人来说，生命的每个时期都是年轻的、及时的。

富翁商人与穷汉樵夫

教育之根味苦,教育之果味甘。

——亚里士多德

在一条城郊的林间小路上，大商人盖博和年轻的樵夫希尔会经常相遇。

盖博很富有，拥有多个长长的驼队，每天运输的一箱箱的绫罗绸缎，都是他的财富。

樵夫希尔每天起早贪黑，上山砍柴，除了背上的一篓篓木柴外，只有斧头和绳子如影相随，这算是他最亲密无间的伙伴了。

然而，大商人盖博却整天唉声叹气、愁眉苦脸，因为他一点都不快乐。而樵夫希尔正好相反，嘴里的小曲和山歌不断，一直是笑声朗朗，看到他的人都知道他很幸福。

一天，商人盖博又与樵夫希尔不期而遇，他们同坐在林间小路的一块大石头上休息。

“唉！”盖博长长地叹了口气道，“真是不

明白，年轻人，你每天靠打柴为生，除了木柴和斧子，你一无所有，穷得叮当响，怎么还能那么快乐呢？你是不是有一个无价之宝，所以你才藏而不露呢？”

“哈哈！”希尔爽朗地大笑道，“我也一直不明白，像您这样拥有巨额财富，吃穿住行都不用发愁的人，怎么还整天闷闷不乐呢？”

“唉！”盖博说，“虽然我拥有成千上万的财产，然而，我家里的人仍然为了钱财而争吵不休，我的家庭就犹如一个战场，随时都有可能开火。她们每个人的脑袋里想的只有自己能得到多少钱，如何才能比其他成员拥有得更多，却从来没有一个人会首先想到或是能够想到为我付出一丁点儿的真情实意。我觉得我的世界一片空白，全是虚无的东西。一回到家，每个人都会对我喜笑颜开，可我一直不明白，她们究竟是在对我笑，还是对着我的钱笑。我虽然家财万贯，一辈子不用担心衣食住行，可是，我的内心却非常空虚，时时感觉到自己除了钱外，完全是一个穷光蛋。为此，我想高兴也高兴不起来，整日愁眉不展。”

“哦，原来是这样呀！”希尔道，“我虽然一无所有，但我很满足，时时能感觉到自己拥有永恒的幸福，所以我时常一副乐不思蜀的样子。”

“是吗？那你肯定是金屋藏娇，家里有一个温柔贤慧的妻子。”盖博说。

“呵呵，没有。我是一个整天只知道傻乐的光棍。”樵夫希尔笑着说。

“那你肯定有一个将要迎娶进门的貌美如花的未婚妻。”商人的语气变得越来越肯定。

“没有。我也从来没有要迎娶未婚妻。”

“那么，你难道真的有一件藏而不露的宝贝？”

“假如你非要称它为一件宝贝的话，也可以那么说。那只是一位美丽而善良的姑娘亲自送给我的。”希尔说。

“哦？”盖博睁大眼睛，显得十分惊讶，“那是一件什么样的宝贝，能令你每天如此幸福呢？难道是一件珍贵的定情物？或是一个甜蜜的吻？

还是……”

“这个美丽而善良的姑娘自始至终都没有和我说过一句话，每次我们相遇，她总是害羞地低着头，匆匆与我擦肩而过。可是，就在三年前一个明媚的下午，她要坐上马车，陪伴她的姑妈到一个遥远又陌生的边陲小郡开始新的生活。就在她即将离开，在上车的那一刻，她……”希尔沉浸在自己的幸福回忆之中。

“她到底怎么样了？”盖博急切地插话。

“就在那时，她向我投来了望穿秋水似的一瞥！”年轻的希尔继续道，“时间就在那一刻停滞，那一瞬间，她含情脉脉的目光对于我来说是满足的，已经足够我幸福一辈子的了。我已经把它视为您说的宝贝，珍藏在我的内心深处，它已变成了我一生的永恒瞬间。”

盖博望了望依然沉浸在幸福中的希尔，心中说道：“真是到达一定的境界了，看来，真正的富翁非他莫属，我只能是个徒有虚名的富翁，除了钱，一无所有。”

心灵直通车： 人生在世，真正的幸福不在于你拥有多少财富，是不是个富翁，而是看你到底过得快不快乐、开不开心。上帝是公平的，在你拥有无尽的财富时，财富也会给你带来无尽的烦恼。学会真正的快乐幸福之法，就是每时每刻都兴高采烈地迎接幸福。

传说中的危险人物

有时候，一个人为不花钱得到的东西付出的代价更高。

——爱因斯坦

三十五年前的一天，费希普这个边陲小镇来了一个名叫摩根·约翰逊的外地青年。开始，人们以为他是来走访亲戚的，谁也没想到，他从此就在这个小镇住下了。

那时候，对一个陌生人问长问短，被认为是不礼貌的，所以小镇上的人从来不问他的来历。摩根·约翰逊也从不与别人谈及自己的亲人和身世经历。时间一长，人们对他依然是一无所知，这便使镇子里的人觉得他很神秘，认为他的生活一定充满了神奇的色彩。

从许多方面来看，他的确像个残暴之人：脸上稍斜过鼻梁的地方，有一道长长的伤疤，两条又粗又黑的眉毛几乎连在一起，一头黑发、一双黑眼睛，每次看人时，他都是斜着脑袋。

也就是在三十五年前，当他首次出现在镇子的桑塔菲大街上时，有一些人说："他看起来是个十分危险的人物。"

当摩根·约翰逊再一次徘徊在当时的桑塔菲大街上时，他又听到人们说："注意了，这个人可是一个十分危险的人物。"

再后来，整个小镇上，连小孩子都知道摩根·约翰逊是个极其危险的人物，一旦相遇，一定要小心谨慎。每当他走在街上，他用那种不同常人的独特方式扫视一下四周或是楞个神，周围的人都会对他十分敬畏，以避免招来不必要的麻烦。

假如有一天，他偶然路过一家酒吧，刚刚还争得面红耳赤互不相让的双方马上会因他的一瞥而停止。假如他无意或是偶然说了些什么，每个人都会点头，极力赞成。其实谁都明白，和一个如此危险的人物争论只会自找麻烦，所以都会敬而远之。

单单是他脸上的一道伤疤，就似乎告诉了人们他曾经有过多么不平凡的经历。他能活到今天，而且还能在这个小镇子上悠闲自得地散步，这充分证明了他是多么的强大。

他从未跟小镇上的任何人提起过伤疤的来历，可是，有人却说他们听说那是他英勇做战的标记。在纽约的一个深夜，十个健壮的黑社会对付他一个人，其中还有一个家伙向他开了枪，子弹从他的鼻子上擦划而过，从而落下了伤疤。最后，摩根·约翰逊带着伤把他们一个不剩地全部打败了。

没有人知道究竟是谁最开始讲出这个骇人听闻的故事的，摩根·约翰逊也从未出面否认过关于自己的这段传奇经历，甚至任由大家相互传说，以至于一传十、十传百，不大的小镇一夜间全都知道了。事实上，摩根·约翰逊从未否认过有关于他的任何传闻，他每天只关注他的生意。

一天，摩根·约翰逊饭后在街上悠然自得地散步，却发生了一件出人意料的事。

那天，一个名叫川都的患有气喘病的矮个子老头儿正好从酒吧出来，满身的酒气，摇摇晃晃地。川都是个土著的牧羊人，来自哈凡那河下游，根本没有人搭理他，更无意去打扰一个牧羊人。尽管他只是个放羊的，条件不允许，他也要每月酗一次酒。这天晚上，他恰好从酒吧里醉醺醺地出来，酒气四溢。

酒吧里卖的威士忌十分猛烈，常常会使一些平时老实巴交的人都打起架来。就这样，这个牧羊人也没有逃脱酒力的驱使，他产生了发泄的念头。这时，川都正好看见摩根·约翰逊走过来，这个平时人人敬而远之的家伙实在有点令人愤恨。牧羊人似乎要挑战自我，他上前一把抓住摩根·约翰逊的衣服领子，眯着眼对他说："你就是那个危险的人物吧？"

不一会儿，四周就围起了很多路人，大家都在为可怜的一时冲动的川都捏了把汗，因为众所周知，摩根·约翰逊可不是那么好惹的，他会把这个牧羊人当即撕碎。然而，摩根却是一脸无辜，他眨了眨眼，耸了下肩，说："你说什么？"

"人们告诫我说，你是个极度危险的人物，"川都说，"我今天要用刀子把你割开看看，看你到底是用什么锋利的材料制成的。"

说着，他摇晃着掏出了自己平时用来剥羊皮的大折刀，准备用刀子对付摩根·约翰逊。

摩根·约翰逊在看见刀子的一瞬间，脸一下子变成了白色，他急忙扭转身，快速避开刀子，以十分惊人的速度转身逃跑了。当时，围观的每一个目击者都嘘了口气，说他跑得可真快，没准以前还是一名优秀的短跑选手。

当然，川都根本不可能追上他，因为他老了，还喝得大醉，走路都摇摇晃晃，于是跑了几步就停下了。摩根·约翰逊却是一刻也不停息，一直跑到镇外。最后一个遇见他的人说，看到他不知什么原因，一直跑着，朝丹佛的方向跑去，渐渐消失了。从此以后，小镇里再也没有了摩根·约翰逊的踪影，他彻底地销声匿迹了。

多年后，还有一些老人会时常提起那个神秘的人物——摩根·约翰逊。他们说这件事充分证明人在某些方面的本性。随便说一个人好或坏，一旦你说得多了，最终人们也就完全相信了，尽管最后根本无法证实他是一个好人或一个坏人。

心灵直通车： 人们常说“人不可貌相，海水不可斗量”，当我们看一个人的时候，不能太注重表面，更不能太直接、太偏激，更不要武断、冲动，因为这会使我们的判断力受限，推断出的结论也往往不准确，与实际不符。

继母的教导

如果你浪费了自己的年龄，那是非常可悲的。因为你的青春只能持续一点时间——很短的一点时间。

——王尔德

布朗七岁的时候，亲生母亲去世了。继母是在母亲去世几年后才来到他们家的，那一年，小布朗十一岁了，已经懂得一些事情了。

刚开始，布朗对继母有些抵触，他没有办法喜欢她。就这样大概过了两年的时间，他一声“妈妈”也没有叫过她，父亲还曾经为此事大发雷霆，甚至出手揍过他。可越是这样强求，布朗在情感的世界里就越是有一种强烈的抵触情绪。然而，布朗第一次喊她“妈妈”，是在他平生第一次而且也是仅有的一次在被她打的时候。

一天中午，布朗因为垂涎邻居家的葡萄，便跑到人家的院子里偷葡萄，正好被主人逮了个正着。那家主人长着一脸大胡子，看起来比较严肃，人们给他起的外号就叫“大胡子”。布朗平时就十分畏惧他，如今又犯了错，在他面前显得更加害怕，站在那里浑身直打哆嗦。

大胡子说：“今天我心情好，不打你，也不骂你，你只要在这里一直给我跪着，直到你父母来领人。”

听说要一直跪着，布朗心里一百个不愿意。大胡子说完后，见他面不改色，没有一点反应，便瞪大眼睛大声吼道：“还不快点给我跪下！”

从小到大，父母都没有这样斥责过他，可能是迫于“大胡子”的威慑力，布朗还是心惊胆战地跪了下来。

这一切，恰巧被他的继母看见。她气冲冲地跑上前，一把将布朗揪了起来，然后厉声对大胡子嚷道：“作为邻居，你的做法未免也太过分了！”

继母平时很少说话，是个性格内向的人，待人也比较客气，这突然间的震怒，对于“大胡子”这样的人来说，也一时不知所措。在布朗的印象中，他也是第一次看见继母凶悍的样子，看到继母性情中从来没有显示出的另外一面。

回到家后，继母用一根枝条恶狠狠地抽打布朗的屁股，一边打一边说：“假如你偷摘葡萄，我也许不会打你，没有一个小孩子是不淘气的！但是，别人惩罚你让你跪下，你真的就要跪下吗？男儿膝下有黄金，你不觉得如此有失自己的人格吗？不顾及自己的品行和人格的尊严，以后要怎么做人？将来还能有什么办法成事？”继母说到这里，突然大哭起来。

那年，布朗只有十三岁，但是，继母的那一番话还是在他心里引起了强烈的震撼。他猛地从旁边抱住继母的臂膀，大声哭喊道：“妈妈，我错了，我以后再也不敢这样了。”

心灵直通车：“士可杀不可辱”，这句话自古以来，就得到了人们的公认，并且被加以推崇和热爱。人一旦丧失人格和尊严，就如同行尸走肉，在常人看来，比任何一个人都更可恶、可鄙，品行更低劣。因此，对任何有辱我们人格尊严的行为，我们都应该作出直截了当的迅速有效的反应。

美中不足的房子

你用镜子来看你的脸，你用艺术作品来看你的灵魂。

——萧伯纳

有一位名叫杰克的人最近搬进了新买的一套房子里，这套房子通透、敞亮，装修也是别具一格，他非常满意，但唯一美中不足的地方就是书房的面积有点小，以至于他在里面工作时，经常有种压抑的感觉。

后来，他想出了一个好办法，在书房的几面墙壁上都装上镜子，由于镜子的反光作用，他觉得书房顿时变得敞亮了，比以前大了很多。然而，好景不长，他又觉得书房似乎在一天天变小，他百思不得其解。再后来，每当他埋头工作时，偶尔一抬头，通过镜子首先看到的就是自己的影子，扭一下头，四周都是自己，这令他莫明地感到一丝心惊胆寒。

有一天，他巧遇一位聪慧又博学的老人布鲁尔，便将自己最近一段时间心中的疑惑告诉老人。

老人听完后，笑了笑说："你书房四周的墙壁上都是镜子，所以，你每天一抬头，眼睛里看到的只有你自己，再也察觉不到别的事物，当然感觉小了。如果你能每天尽量少顾盼自己，多花点心思看看周围的景物，书房也就会相应变大的。你为什么不把镜子换掉呢？"

杰克听了老人的一番话后，似乎恍然大悟。他回家后，找来装修工人，将墙壁上的镜子全部拿掉，又将两面临街的墙打穿，装上透明的玻璃。他坐在书房里，只要一抬头，就可以看到外面的世界，街上的一草一木、行人以及大路上川流不息的车子。世界仿佛顷刻间被穿透了，空间一下子宽敞起来。杰克心情愉悦地享受了一段时间。

可是，没过多久，他又遇到了新的问题：外面的喧闹气氛经常"勾引"他的注意力，书房固然比原来大了，但他却再也无法静下心来写作或是看书。

无奈，他又去找智慧大师布鲁尔倾诉自己的新烦恼："刚开始装上玻璃时，我感觉自己的视野一下子变得非常开阔，可是现在，我发现它带来了太多外界的东西，这些东西经常打扰我。您说我到底应该怎么办好呢？"

布鲁尔摇摇头，苦笑道："那你为什么不在心里安上一面反光的镜子呢？"

杰克迷惑不解地盯着布鲁尔。

布鲁尔继续说道："在书房四周安上镜子，阻挡了你的视线，你面对的只有自己，从而使你的天地变得相对狭小。而当你在书房里装上了透明的玻璃窗，和外界融为了一体，你又失去了清静。你自己不能固守本心，那为何不在自己的内心直接安一面镜子呢？

"当一个人面对外面的繁华世界时，需要一扇窗户，而真正地面对自己时，需要的是一面镜子。如果能做到这点，你不仅能欣赏到外面世界的博大无比，同时还能时刻进行自我反省。"

“实际上，”布鲁尔接着说，“房间中到底需要安玻璃还是安镜子，这点并不重要，重要的是你目前的心境。你的心宽阔了，书房自然也就宽敞了；你的心明亮了，书房自然也就明亮了。”

心灵直通车：生活中，有很多人像杰克一样，不时地为书房烦恼。如果将注意力全部集中在私事上，你就会看不清世界的广阔，又可能在花花世界中毫无目的地随波逐流，最终丢失自我。我们是不是也应当为自己准备一扇通向外面的窗户和一面反光的镜子呢？透过窗户，我们可以感受到外面的世界；反观镜子，就可以审视自身，这样岂不是可以顾全大局、两全其美？

斗智慧

金钱可以成为人的奴隶，也可以成为人的主人。

——贺拉斯

一个印度书画商人带着三幅世界名画到美国出售。

有位本土的美国画商一眼就看中了这三幅画，便暗自打定主意，不管付出多少代价，也要把这三幅画搞到手。印度商人一开价就要二百五十美元，并宣布少一元都不卖。而这个美国商人也久经商场，绝对不是平庸之辈，他想要这些画，但是一美元也不愿意多出。于是双方就站在自己的立场开始讨价还价。可是，谁也不肯做出让步，谈判一时间陷入了僵局。

突然，印度商人开始发脾气，只见他拿起一幅画，直接往外走，二话不说，在门口点起打火机，把其中一幅画烧掉了。

美国画商呆呆地望着已经烧得差不多的冒着烟

的画，他的心也仿佛被烧了一般。他叹了口气，小心翼翼地靠近印度商人，问道："剩下的两幅画要卖多少钱？"

印度商人不但没有为此削低价格，出价的口气反而更加强硬，他声明少于二百五十美元免谈。少了其中的一幅画，不但一分不少，还要二百五十美元，美国商人觉得非常委屈，便要求印度商人降低价格。

但是，印度商人根本不理会他这一套，又怒气冲冲地拿起其中一幅画，直接点火烧掉了。这一回，美国画商站在一旁，大惊失色，只好乞求印度商人千万不要把最后的一幅画也烧掉，因为每烧一幅，他就心如刀绞，自己实在是太喜欢这些画了。接着，他压低声调，小心翼翼地问最后一幅画的价格。印度商人想都没想，张口要五百美元，少一分都不卖！

这一回，美国画商气得似乎要跳起来，但他尽量压制自己的情绪，强忍着怒气问："一幅画怎么比原来三幅的价钱还要贵呢？你这人不是存心耍人吗？"

印度商人却不紧不慢地回答："这三幅画均出自同一画家之手，这位画家现在的名气很大，有三幅画的时候，我是可以以相对较低的价格出手的，但是，我手中只剩下最后一幅了，这回可算得上是绝世珍宝了，它的价值早已超过先前三幅画同时存在的时候。因此，我现在不得不遗憾地告诉你，如果你真的喜欢这幅画，真想得到它，那你出价不得低于五百美元，否则免谈。"

美国画商没有办法，一脸无奈，最后只好以五百美元的价格成交了。

心灵直通车： 所谓"物以稀为贵"，指的就是这个道理。我们也不妨大胆地猜想一下，假若两个商人斗智斗勇，最后一刻，这位美国商人不买账，那印度商人会不会把这最后一幅画也毁了呢？即使毁了，我们是不是就能确定他不会拿出下一幅作品了呢？

儿时的梦想

书籍是全世界的营养品。

——莎士比亚

在英国，有一位名叫布罗迪的教师，他在整理自己阁楼上的旧物品时，翻出了一叠小孩子的练习册，这是他当年在皮特金幼儿园当教师时，他班里三十一位小朋友的春季作文，作文的题目叫《未来我是——》。

他过去一直以为在当年德军轮番空袭伦敦时，这些东西已经变成了炮灰。可万万没想到，它们竟然安然无恙地躺在这只木箱里，并且一躺就是五十年。

布罗迪蹲在地上，随手翻开了几个作业本，他很快就被孩子们小脑袋里那些千奇百怪的想法吸引住了。

比如，一位叫约翰的小家伙说，未来的他一定会是头号海军大臣，因为他妈妈告诉过他，有一次，他趁大人不注意的时候，跑到海里游泳，结果喝了整整三升的海水，家里人吓得面色惨白，但他却没被淹死。

还有一个孩子说，自己将来注定是法国总统，因为全班只有他一个人能背出法国二十五个城市的名字，除了老师，其他人最多也只能背出八个。

最令人好奇的是一个小盲童，他叫戴维。他认为自己将来必定是英国了不起的内阁大臣，因为在英国历史上，还没有一个盲人能进入内阁……

总之，这三十一个孩子在作文中都细致地描绘了自己的未来。有的想当一名驯狗师，有的想当领航员，还有想做皇帝和王妃的——真是五花八门、千奇百怪。

布罗迪翻动着这些孩子的作文，突然产生了一种强烈的冲动——何不把手里的这些练习本物归原主，让他们也回头看看，自己现在的样子是否已经实现了五十年前所追求的梦想。

当地一家有名气的报纸得知了布罗迪这一令常人觉得不可思议的想法，非常支持他，专门为他刊登了一则寻人启事。

没过几天，书信便从全国各地一齐向布罗迪飞来。他们中间不乏有商人、知名学者及政府重要的官员，更多的则是没有身份和地位的老百姓，但他们都表示非常想知道自己儿时的梦想，并且也很想看看自己当年的作文。布罗迪按照书信的地址，给他们寄回了作业本。

不久，布罗迪手里就只剩下一个作业本没有人索要。

他想，毕竟过去了五十年，这个叫戴维的盲孩子可能已经不在人世了。五十年中什么事都有可能发生的。

就在布罗迪正准备把这个本子送到一家私人收藏馆时，他收到国家内阁教育大臣——布伦克特的一封亲笔信。

信中说："那个叫戴维的小男孩就是我，非常感谢您一直为我们保存着儿时的那份梦想。不过现在，我已经不再需要那个本子了，因为从那时起，我的梦想一直伴随着我，它一直珍藏在我的脑海里，没有一天忘掉过。五十年一晃就过去了，可以说，我实现了自己儿时的梦想。但是今天，我还想通过自己的这封信告诉其他的同学和所有的人，只要不让儿时的梦想随着岁月的流失而一天天地飘逝，成功迟早会出现在你面前的。”

心灵直通车： 布伦克特的这封信后来发表在英国的《太阳报》上。作为英国的第一位盲人大臣，他用自己的实际行动向人们证明了一个真理：无论是谁，只要能把儿时想当总统的愿望一直保持五十年，那么五十年后，他肯定就是总统了。其实，产生一个愿望一点也不难，难的是将它一直保持下去。我们当中又有谁有毅力将一个愿望一直保持五十年呢?

爱之链

人类是唯一会脸红的动物，也是唯一该脸红的动物。

——马克·吐温

一天傍晚，乔治骑着车回家。在中西部一个不发达的小社区里，要想找到一份工作是十分艰难的事情，但乔治一直没有放弃希望。冬天一天天地临近，寒冷也开始席卷整个中西部地区。

路灯开始亮了，散发着灰黄色的光。路上的人很少，显得格外冷清。除非准备离开这里，一般情况下，人们是不会走这条路的。乔治的大多数朋友也早已离开这个偏僻的地方，去外地发展，他们有的是为了养家糊口，有的是为了飞黄腾达，也有的为了自己追求的梦想。然而，乔治却坚定不移地留下来了。因为这儿是乔治父母入土为安的地方，乔治生于此、长于此，他熟悉这里的一切，对一草、一木、一砖、一瓦都有着深深的依恋。

天慢慢地黑了下来，天空还飘起了久违的小雪。乔治心想，要抓紧时间赶路，毕竟离家还有一段距离。出于这种想法，他差一点就错过那个站在路边挥手请求援助的老太太。乔治看得出，老太太的车可能是抛锚了，需要帮助。于是，乔治骑车靠近了老太太的奔驰汽车，停下来询问情况。

虽然乔满脸微笑，但可以看出，她仍然有一些担心。冷清的夜里，一个多小时过去了，都没有人愿意停下来帮助她，乔治会帮助她吗？眼前的乔治似乎有些穷困潦倒，看起来饥肠辘辘的样子，总之，不那么让人放心。乔治也看出老太太的畏惧心理，她一动不动地站在寒风中看着他走来。乔治一眼就看出她心里在想什么，因为只有在寒冷和害怕状态下的人才会那样。

“我没有恶意，我是来帮助你的，夫人。你为什么不到车里去暖和一下呢？顺便自我介绍一下，我叫乔治。”乔治说。

老太太遇到的麻烦只不过是车胎漏气，现在已经完全瘪了。乔治利索地爬到车下，找了个位置安上千斤顶，又爬出来取下备胎，紧接着又钻下去了。

结果，乔治把自己弄得浑身脏兮兮的，还不小心伤到了手。当他拧最后一颗螺母时，老太太摇下了车窗，开始和乔治聊天。她说，她住在圣路易斯，这次是探亲路过这里，对乔治的帮助，她充满无限感激。乔治什么也没有说，只是笑了笑，随手帮她关上了后备箱。

她问乔治需要多少钱，出多少钱她都乐意，因为她很感激他。

乔治摇摇头，表示自己不是想要钱，这对他来说，只是伸出手帮助了需要帮助的人。上帝可曾知道，在过去，乔治需要帮助时，到底有多少人曾经伸出手帮助过他呀。乔治真诚地说，如果她真的想要答谢他的话，就请她下次在遇见需要帮助的人时，也伸手给予别人帮助，并且能“想起我”。

乔治看着老太太发动汽车，渐渐地消失了。初冬的寒冷令人抑郁，但乔治却显得很高兴，朝着家的方向骑着车消失在深深的暮色中。

沿着这条路直行了几英里后，老太太看到路边有一家小咖啡馆。她想下车进去吃点东西，驱走身上的寒气再继续赶路。

这时，侍者走了过来，递给她一条干净的毛巾，让她先擦干湿漉漉的头发。她面带甜甜的微笑，这是那种虽然站了将近一天，显得有些疲惫但也抹不去的迷人的微笑。老太太注意到这位女侍者可能有八个月的身孕，但她的服务态度却没有因为劳累而有丝毫的改变，从她的微笑中就可以看出。

老太太吃完饭，从包里拿出一百美元付账，女侍者拿着这一百美元去柜台找零钱。而就在这一刻，老太太悄悄地出了门。当女侍者拿着找回的零钱返回时，发现老太太走了。这时，她才注意到餐桌上留了一张便条，上面写着："你根本不欠我什么，我跟你一样，曾经有人帮助我，就如我现在帮助你一样。如果你真的想报答我，就让爱之链继续传下去，不要就此中断。"

女侍者眼含热泪。虽然还是清理桌子，为客人服务，但这一天，女侍者的心情非常愉悦，一直微笑着坚持了下来。下班回到家，她躺在床上，想着那些钱和老太太留下的话，老太太怎么那么神秘，竟然知道她和丈夫是多么地需要钱。眼看着孩子下个月就要出生了，他们的生活将会更加艰难，她知道，丈夫的内心是多么地焦虑。当乔治躺到她身边时，她给了乔治一个温柔的吻，轻声说："一切都会好起来的。我爱你，乔治。"

心灵直通车：这是一个十分生动的关于爱的回报的故事。在现代社会，残酷的竞争和冰冷的人际关系会让人一时麻木，很少能顾及到他人。其实，伸出自己的双手，尝试帮助别人很简单，还可以得到幸福。只要耕耘，就一定会有收获，因为受到帮助的人不仅心存感激，也一定会想让自己的形象更加伟大。

细心的擦鞋匠

用鞭子教不出人来。

——高尔基

黑人小伙子迈克尔是一个擦鞋匠，与别的擦鞋匠不同的是，他每天都坐在一个小理发店的一角，等待或是询问理完发的人是否需要擦鞋。在理发店里，他经常能听到一些黑人朋友理发时聊天的内容："我希望我的头发有一天能变直了。"

理发师一笑而过，从未留意过这样的话，但是，迈克尔却把这些话牢牢地记在了心里。于是，每逢有来擦鞋的客人，迈克尔除了与客人进行礼貌性的闲聊外，还总是不忘多加一句："您是做什么工作的？"

终于有一天，进来了一位男士。当迈克尔一边工作一边闲聊时，询问到了那位男士的职业，那位男士告诉他自己是一名化学家。

"化学家具体是做什么的呢？"迈克尔

又问。

“就是调配一些东西。”面对眼前的擦鞋匠，化学家只好用通俗易懂的话来解释。

“那么，您是否可以调配出一种让我的头发变直的东西呢？”

那位化学家笑了笑说：“也许我可以试试。”

就这样过了一段时间，化学家再一次来擦鞋，带了一小瓶他调制出来的液体制剂，拿给迈克尔让他试一试。迈克尔抹在头发上，头发果真变直了。

后来，迈克尔便与这位化学家协商，两人联手，给这种制剂起了一个名字——“华发”（意思是犹如中国人的直发），并将这种瓶装的制剂先卖给周围的一些朋友和部分理发店。使用后，大家觉得效果不错，于是争相购买。

就这样，他们的“华发”大规模地推向了市场，后来两人又专门成立了一个 “华发”制剂公司。自此，两人的生意开始日进斗金，一直延续到现在。

心灵直通车：“功夫不负有心人”，比别人多一些细心，比别人多说几句话，比别人勤奋那么一点点，老天都会记在心里。因为你的多一点点的努力与勤奋，让你获得了超乎常人的机会。天道酬勤，最终你会比别人多一条成功之路。

我不是乞丐

试图独自生活的人不会很好地享有人生。如果不与另一颗心相应,他的心就会枯萎；如果他只听到自己思想的回声，而得不到别的灵感，他的心智就会枯萎。

——赛珍珠

汉斯昂首挺胸，大步流星地走着。尽管烈日炎炎，没有带遮阳伞的他，对夏日里那种灼人的烈日却视而不见，一点也不在意。

汉斯天生一副傲骨，他本人也一直恪守着自己的处世原则，那就是不轻易屈从于任何人和事，尽自己的能力去帮助别人，不指望能得到旁人的任何回报和恩惠，追求的只是一辈子要有尊严、有骨气地活着。

一天，汉斯像往常一样走在大街上。这时，一个黄包车夫来到他身边。车夫摇着手中的铃铛，问道：“先生，需要拉您一段吗？”汉斯扭转头，发现车夫瘦得皮包骨头，脸上流着汗，目光里似乎有一种贪婪的神情。

“除了老弱病残者外，只有那些残忍的没有人性的人才会选择以人力车代步。”这是汉斯一直坚定不移的观点。

他甩了甩自己那粗布缝制的袖子，擦了擦额头上的汗珠，摆着手，连声说道：“不，我不需要。”汉斯一面摆手，一面继续走自己的路。

黄包车夫拉着空车子，一直跟在他身后，一路上不停地摇着铃。

突然，汉斯的脑子里闪出了这样一个念头：这么热的天，车夫却一直在努力着，也许拉车是这些穷人唯一的生存手段。汉斯是个比较博学的人，许多新的概念——公正、平等、穷人、上帝、职业、劳动分配、工业、封建主义等——瞬间闪进了他的脑海。他又一次回头看看那位黄包车车夫——天哪！他是那么的面黄肌瘦！汉斯心里顿时对他生出一种怜悯之情。

黄包车夫又摇着铃铛跑过来，招呼汉斯道：“来吧，先生！我送您一段，您要去哪里？”

“我要去趟百老汇，你要多少钱？”

“六美分。”

“没问题，你跟我来！”汉斯继续步行。

“请上车吧，先生。”

“你跟我走吧！”汉斯加快了自己的脚步。

黄包车夫就这样跟在他后面一路小跑，汉斯不停地回头对车夫说：“跟着我！”

到了百老汇，汉斯坦然地从衣兜里掏出六美分，直接递给了黄包车夫，说：“你拿去吧！”

“可是，您都没有上车，没用我拉着您呀！”

“我从来不坐黄包车。我一直认为这是一种犯罪行为。”

“啊？那您一开始就应该直接告诉我！”车夫显得很不耐烦，脸上浮现出一种鄙夷的神情。他擦了擦脸上的汗，拉着自己的车子走了。

“把你应得的钱拿去！”

“我靠体力挣钱，但我不是乞丐！”黄包车夫愤愤地说。他拉着车，头也不回，消失在了拐角处。

心灵直通车： 有自己的尊严、坚守自己的原则固然是好事，就如同富有同情心一样，这当然是正确的。但是，我们不能随便付出同情心，如果滥用，也许会适得其反，造成不好的后果。

间接方法

健康是头等的财富。

——爱默生

自从哈维·麦凯接手了信封公司，奇怪的是，原来即将倒闭的公司在短短的半年间就如脱胎换骨一般，重新展现出了生机。

公司大大小小的订单不断，客户也是接连不断地成功签约，人们都对哈维·麦凯的工作能力赞叹不已。

记得有一次，他去一家行业中规模较大的公司拜访。

采购部经理一看到他就说："麦凯先生，我看是要耽误您的宝贵时间了，希望您以后不要再来了。我知道您很有名，很成功，而且十分富有，但我们公司和您签下信封订单的几率完全为零。

"因为我们公司的老板和目前合作的信封公司的老板已经有二十五年的交情，所以您不需要浪费时间再来拜访我。而且有四十多家信封公司的老板曾经来拜访过我，一家都没有成功。

“所以，麦凯先生，我建议您以后不要再来我这里了，不要在我身上浪费您的宝贵时间了。”

麦凯没有气馁，见这招不行，他另想一招，从长计议。他有的是办法，并且形式各异，非常独特。

一个偶然的机会，他发现这家公司的采购部经理唯一的儿子尤其喜欢冰上曲棍球运动，而且还喜欢亲自参与。

他又知道经理的儿子最崇拜的偶像竟然是洛杉矶一个已经退休的球星。

再后来，他又发现这个经理的儿子由于一次偶然的车祸，正躺在医院接受治疗。

麦凯暗喜，他觉得自己的机会来了。于是，他托人买了一根不错的曲棍球杆，让球星签了名，然后送给经理的儿子。

麦凯来到医院，看望这个小孩。

孩子好奇地问他：“我不认识你，你是谁？”

麦凯说：“我是哈维·麦凯，我是来给你送礼物的。”

“你为什么要送给我礼物呢？”

“因为我知道你非常喜欢曲棍球，也非常崇拜这位伟大的球星。看，这是一根由他亲笔签名的世界上为数不多的曲棍球杆之一。怎么样，喜欢吗”

小孩显得异常兴奋，脚似乎一下子不疼了，要下床站起来。

后来，他的父亲再次来到医院时，发现自己的宝贝儿子一反常态，显得很是兴奋，整个人似乎也都变了，不再像原来那样垂头丧气、沉默不语。

他问儿子发生了什么事情，儿子说：“刚才有人来看我，他叫哈维·麦凯，还送给我一根我一直梦寐以求的由心中偶像亲笔签名的曲棍球杆，我简直太高兴了！”

这件事就这样过去了。

不久，麦凯竟然接到采购部经理的电话，他要与麦凯签合同。最后，签下的竟然是一份四百万美元的大订单。

心灵直通车：做一件事，有时候采用开门见山的直接方式可能没有效果，我们不妨尝试从反面采取相对间接的方法，有时，这样会比直接入手的效果好得多。所以，在采用惯性思维没有起到效果时，可以换用“歪门邪道”，不要以为这样可能会偏离重心，相反，这恰恰是为了达到目的。

绿色记事本

我们常常原谅使我们觉得讨厌的人，但是决不原谅觉得我们讨厌的人。

——拉罗什富科

法兰克福一名六岁的小学一年级学生小奥茨，在入学注册报到时，首先领到的就是一套教科书和一个绿色的记事本。老师还特别提醒孩子们，这不是一本用来写字或做作业用的普通练习本，也不是一个普通的私人日记本，更不是一本专门用来画画的画册。

绿色记事本的封皮是翠绿色的，上面隐隐约约印有浓郁的森林、宽阔的草原和一望无际的田野，就像德国的高速公路两侧经常可以见到的风景。最后，老师还给孩子们讲述了它的材质，这个绿色记事本是用“再生纸”加工制成的，原料是废弃的纸张和一些可利用的垃圾。因而，这种绿色记事本不需要浪费大量木材，而这又意味着人类造纸不用再砍伐大自然的绿色外衣——宝贵的森林。

开学仅仅一个星期，小奥莰的那个绿色记事本上就增加了下面的记录：

星期一　我为一种面临灭绝危险的灰鹤捐出了自己一马克的零用钱，为此，我得到了妈妈和老师的表扬。

星期二　今天，我做了一件错事。晚上看小人书的时候，竟然稀里糊涂地睡着了，结果忘记了关灯。就这样，灯亮了一个晚上，浪费了不少的电。哎，真是不应该，以后不能再犯这样的错误了！

星期三　今天上图画课时．我因为画得不好，一时恼羞成怒，连撕了三张白纸。其实，我完全可以认真一点，画得再小心一些。老师对我们说，造纸不仅要消耗人力和木材，还要消耗很多的水和电。想到这些，我的脸都红了，感到无比惭愧。

星期四　我无意中发现妈妈竟然为了洗两件脏衣服就开动了洗衣机，我认为这是一种能源浪费。后来，妈妈认为我的建议是合理的，便承诺以后不会为一两件衣服就开洗衣机，而是等到衣服攒得相对多一些，再一起洗。

星期五　哥哥特别喜欢赛车，而且还是个赛车高手。但当他得知开赛车将会排放出大量的有毒废气从而使大气受到污染后，他和他的几个也爱开赛车的伙伴竟然想出了一个很好的弥补办法——每人每年额外栽种二十棵树。

星期六　爸爸原本计划开车带我到附近的超市购物，后来，他听了我的建议后，改为坐公交车出行。这样不仅节约了开车所需要的汽油，而且也减少了汽车废气的排放量。

星期日 今天是星期天，轮到我去楼下扔垃圾了，但我发现，家里的垃圾竟然没有分类。于是，我不嫌脏、不嫌臭，认真地将垃圾分类后，才丢入垃圾箱，为的就是让部分垃圾可以被再次利用，变废为宝，还可以为环卫工人节省时间。

老师在全班同学面前朗读了小奥莰记录下来的“环保周记”，表扬了他，并且要求大家在课后互相传阅，向他学习。一开始，小奥莰还有点洋洋得意，但是看了其他小朋友的“环保周记”后，他觉得自己做的还很少。

他的邻桌小女孩叫丹娜，比自己更聪明——她竟然想出一种新的煮鸡蛋的方法，与人们惯常使用的方法相比，可节约将近三分之一的能源，而且，这种方法还很有效。

丹娜将生鸡蛋放进少量的冷水里开始煮，待水一沸腾，马上关掉电源，利用留下的余热把鸡蛋煮熟。

小奥茨刚开始还表示怀疑，但当他回家亲自试验了以后，才心服口服。他把这种方法推荐给了妈妈。有趣的是，自此以后，全班同学煮鸡蛋都会采用“丹娜煮蛋法”，连学校的一些老师在尝试了以后，也对这种方法称赞不已。

还有一名叫费格的小朋友，更有创意。他设计出了一种适合家庭使用的“环保收支簿”——是他与父母亲经过一番深入的讨论后争取到的。他为家里制定了一周用电量和用水量的“最大限额”，如果这周超过了限额，下周就必须节约一点，用来“补偿”上周的超支。在他的“环保收支簿”里，还写了几行字：截至本周末，超额用电二十度。我和弟弟商量后，保证下周仅看三天电视，并使用其他方法代替玩电子游戏。

心灵直通车：人们总是认为，如果多消耗了汽油、煤气、水、电、木材这些最基本的生活品，我们就会多付出一些钱。只要有钱，用多用少都是自己的事。殊不知，地球的公共资源是我们人类所共有的，而且是有限的，如果人人都不珍惜自然，那么总有一天，人类会一无所有——连印钞票的最基本的原料都没有了，还怎么用钱来买我们需要的东西呢？所以，节约资源，人人有责。

引导孩子们写感谢信

我们要谦虚地征求他人的意见，但是千万要记住，不要让他人的意见左右我们的意志。

——杰斐逊

姐姐依琳娜、妹妹莎拉和弟弟德鲁，还在很小的时候，每当他们收到礼物，向人家表示感谢时，就自己口述一些感谢词句，由他们的妈妈贝德福德执笔。

但是，等到孩子们再长大一些，会自己写字时，就由他们自己来写感谢信了。只是，他们每次都迟迟不肯动笔，妈妈必须三番五次地催促。

每次，贝德福德都会问："你给爷爷写信了吗？感谢他前几天送给你一本小人书了没有？"或者问："陶乐思阿姨给你买的那件漂亮的毛线衫，你可曾向她表示感谢？"

三个孩子的回答每次都是含糊其辞，或是耸耸肩膀。

有一年，贝德福德在圣诞节刚过完的几天里，一直催促孩子们写感谢信。儿女们当时都满口答应，但是过了一周，竟然还是没有写。这令她大为生气，便恼怒地宣布："在感谢信写完投寄出去之前，你们三个谁都不许玩新玩具，也不许穿新衣服。"

但他们轻轻一笑，仍然不听妈妈的话，还是一直拖延，甚至不经意间开始抱怨起来。

贝德福德颇感无奈，忽然，脑子灵机一动，说："孩子们，上车。"

"我们这是要去哪里？"莎拉随口问道，觉得母亲的行为有点奇怪。

"要去买圣诞礼物。"

"圣诞节已经过去好几周了。"莎拉反驳道。

"不要罗嗦！"贝德福德像下命令似的，斩钉截铁地说。

等孩子们都上了车，贝德福德说："我要让你们每个人都清楚，别人为了送给你们礼物，需要花多少时间。"

贝德福德对最小的孩子德鲁说："你负责记录我们现在离开家的时间，一定要记清楚。"

来到镇里，德鲁记录下抵达的时间。三个孩子跟着贝德福德一起走进商店，帮她选购了礼物。然后，贝德福德带着孩子们一起回了家。

三个孩子一下车，看到旁边的雪橇，便向那边走过去。贝德福德说："谁也不许玩，回家还要包礼物。"

孩子们的情绪一下子降到了冰点，一个个像被霜打了的茄子，垂头丧气地跟着妈妈回到屋里。

"德鲁，你来记一下回来的具体时间。"

德鲁满脸的不情愿，只能点点头。

"好，请你再记录一下包礼物的时间。"

孩子们包礼物时，贝德福德替他们冲咖啡。等到最后一个礼物的蝴蝶结完整系好后，贝德福德问道："德鲁，你计算一下，一共花费了我们多少时间。"

德鲁回答说："从家到镇上，我们用了三十分钟，去挑选礼物花了十五分钟，回家用了四十分钟。"

"包这几个盒子用了多少时间？"依琳娜问。

"大约两分钟包一个。"德鲁说。

"从家到邮局，把礼物邮寄出去，大概要花多少时间呢？"贝德福德问。

德鲁又详细地计算了一下，答道："这一来一去，需要六十分钟的时间，加上在邮局等候排队的时间，一共需要七十分钟。"

"那么，你们送别人一件礼物总共需要花多长时间？"

德鲁又仔细地计算了一阵，"差不多需要两个小时的时间。"

贝德福德的态度变得和蔼了一些，她在每个孩子的咖啡杯旁放了一页信纸、一个信封和一支笔。

"那现在就请写感谢信吧，写明礼物具体是什么，告诉人家礼物已经收到，并已经用上了，自己十分开心。"

他们沉默着构思了一下，立刻就拿起笔，在信纸上"刷刷"地写着。

"花了我们大约三分钟的时间。"德鲁一面说一面把信封完好地封起来。

"别人选购一件有意义的且充满浓厚情意的礼物，然后不计报酬地邮寄给你，花费的时间也许不到两个小时。我只是要你们仅仅花费三分钟的时间来表示感谢，这难道也算是过分的要求吗？"贝德福德问。

三人听后，都惭愧地低下头望着桌面，摇摇头。

"所以，你们要从现在开始，养成写感谢信的习惯。将来，你们会为很多事情写感谢信的。"

心灵直通车：向人道谢不需要花费太多的时间，虽然只是一个微不足道的形式，但能深刻地反映出一个人是否珍惜情谊的本质。千万不要忽略任何人，哪怕是一个小小的情感表达，因为它是最能体现内心的。

第四章

Part4

突破困难：向成功的终点冲刺

在心中打高尔夫球

父母的美德是最大的财富。

——贺拉斯

詹姆斯·纳斯美瑟是一名少校，他是个忠实的高尔夫球迷，也曾经梦想着能在高尔夫球场挥洒自如，自己的高尔夫球技能够每天得到提升，有突飞猛进的发展。

为了达到这一目标，他终于发明了一种比较独特的方式。在此之前，他的球技很一般，和那些只有周末才有时间练上几杆的人没有什么差别，水平处于中下游之间，九十杆的样子。而如今，他已经有七年没碰过球杆了，甚至都没有踏上那绿色的球场。

无疑，这漫长的七年时间，纳斯美瑟少校一定是用了令常人惊叹不已的先进技术来一步步地增进他的球技——这个技术说来惊叹，但是人人都可以效仿。

其实，在他复出后，再次踏上高尔夫球场时，打出了令人惊讶的七十四杆！这简直令人难以置信，按照原来的水平，他比自己以前的平均杆数甚至还要低上二十杆，而他已经有整整七年的时间没有上过球场了！这真是令人诧异。不仅如此，他的身体状况竟然也比七年前要好得多。

那么，纳斯美瑟少校的秘密到底是什么呢？

他在这七年中，一直是在德国的战俘营中度过的。七年间，他一直被关在一个仅有四尺半高、五尺长的大笼子里。

在战俘营的绝大部分时间里，他都是被关在笼子里囚禁着的，周围看不到任何人，也没有人和他说话，更别说是有任何的体能活动。

在最初的几个月里，他一直呆呆地盯着四周，什么也没有做，只在心里祈求上帝能给他机会赶快脱身。后来，他逐渐明白了，逃是逃不出去的，自己不能整日无所事事，必须找到一些事情，使之完全占据自己的心灵，否则，肯定会坚持不到走出去的那天，因为很快就会发疯或死掉。于是，他开始学习建立自己的“心像”。

在他内心的一个角落里，那个曾经的梦想萌动了。于是，他选择了一直热衷的高尔夫球，并开始在心里打高尔夫球。

每天，他在自己梦想中的那个高尔夫乡村俱乐部里打十八洞。他认真的样子仿佛亲临其境体验了一般，包括每一个环节，甚至一个细微的动作。

他看见自己穿着高尔夫球装，闻着那些绿树的芬芳和青草的气息。他体验到了不同的天气状况——微风的春天、苍茫的冬天以及炙热阳光普照的夏日的清晨。在他的脑海中，那里的每一个球台、一草、一木，还有鸣叫的鸟儿、活泼乱跳的松鼠、球场的整个地形，都清晰地浮现在他的脑海中。

他感觉到自己的双手正在握着球杆，练习着不同的推杆与挥杆的运用技巧。他看到高尔夫球落在附近刚修整过的散发着香味的草坪上，活跃地跳了几下，然后，滚到他心目中早已选择好的那个点上。这一切都像真实的一样，在他心中一次次地发生。

而在现实世界中，他却被囚禁在笼子里，无处可去。所以，在他的内心里，他正一步步地向着高尔夫球场上的小白球走去，他的身体、他的眼神好像是真的正在打高尔夫球。他心中每次打完十八洞的时间，也和现实中的完全一样，哪怕是一个细节，都没有被省略。他把握住机会，从没有错过挥杆左曲球、右曲球以及各种推杆。

周而复始，一周七天时间，一天花费四个小时，共十八个洞。七年时间，少了二十杆，他竟然打出了七十四杆的成绩，这太让人诧异了。

心灵直通车：遇见不尽如人意的事或是小小的挫折时，人们通常的反应会是什么呢？沮丧、埋怨、忧愁、一蹶不振？首先，我们要想到目前正处的光景，并努力接纳面对的所有困难，因为万事互为因果，在苦难外衣的对比下，往往也隐藏着无穷的机会。

碗中的豆芽菜

人的一生，是很短的，短暂的岁月要求我好好领会生活的进程。

——高尔基

福克斯是一位好奇心极重又颇有研究精神的年轻人。一天，福克斯一个人在路边的一家比萨店里吃饭时，发现了一件令他诧异的事情，他看到自己碗里的豆芽菜和以往吃到的豆芽菜有着很大的差别。

过去，他吃到的豆芽菜都是又细又长的，颜色是黄黄的，而他现在在比萨饼中看到的豆芽菜却有着明显的不同，又大、又白、又肥。福克斯看着豆芽菜的巨大转变，情不自禁地想一探究竟。

从比萨店一出来，福克斯就立刻探寻有关豆芽菜转变的来源。经过几番询问与波折，福克斯最终来到了供应壮硕豆芽菜的原产地。

福克斯怀着好奇心，详细地询问一位种植豆芽菜的老农夫，怎样才能生产出这种与众不同的又大又肥的豆芽菜来。

老农夫尽管身经百战，有着多年的实际经验，但却不善表达。没办法，他只好亲自带着福克斯到培育豆芽菜的工厂里参观。

福克斯进入工厂，看到很多笨重的大石头压在正在生长的豆芽菜苗上，而豆芽菜苗为了能长出来，就必须依靠自己，加倍地挣扎、努力地奋斗，这样才能挣脱上面的大石头，变成餐桌上真正的豆芽菜。

而在工厂的另一侧，福克斯看到一些没有被大石头压着的豆芽菜苗，长出来后，正是他们平常吃到的豆芽菜的样子，形状又细又长，颜色黄黄的。而经过大石头重压的豆芽菜，则长得粗壮白净。

看到眼前相同的原料在两种截然不同的成长环境下培育出来的完全不一样的豆芽菜，福克斯若有所悟地离开了工厂。此事使他受益匪浅，一路上，他一直回想着自己和身边的那些养尊处优的朋友们的成长环境。

心灵直通车：古人云，“生于忧患，死于安乐”。也常有人说：“逆境是上天的恩赐！”而当下，正处于忧患和逆境中的人们，要想生存，只有奋发图强、冲破障碍；而一直处于蜜罐中的人们，面对这种状况往往会嗤之以鼻，认为如此论调是吃不到葡萄说葡萄酸。

松饼的启发

当喉咙发干时，会有连大海也可以一饮而尽的气概——这便是信仰；等到喝时，至多只能喝两杯——这才是科学。

——契诃夫

令人期盼的一年一度的嘉年华市集即将展开。胡里奥——一个普通的卖松饼的小贩——也摩拳擦掌，他准备好一切，满怀信心，相信自己一定会在嘉年华市集的美食中大显身手，这样就可以赚一大笔钱。

嘉年华市集在人们的期盼中如期开始了，人来人往，大街小巷熙熙攘攘。果然不出胡里奥所料，当热气腾腾的松饼散发着诱人的香味，再淋上甘甜可口的蜂蜜时，更是香味四溢，立刻吸引了周边的许多人。他们蜂拥而来，把胡里奥的摊位围了起来，生意好得令旁边众多卖冰激凌的摊主一个劲儿地赞叹，甚至眼红。

胡里奥的生意自此一直兴隆。但是人生不如意事十之八九，一直供应给他纸盘的供应商，为了配合当年的全国纸业大罢工，无法再继续供货给他。

胡里奥看着纸盘的库存量随着每天卖出大量的松饼而一天天地减少，供应商提供的纸盘数量也在减少，他的松饼生意也开始面临危机。

没有了纸盘，卖给顾客的松饼就没有东西来盛装。胡里奥便试着用纸巾来代替一次性纸盘，但客人们又嫌纸巾会被蜂蜜粘在松饼上，吃前需要先除去被粘上的纸巾，很不方便。

随着顾客们越来越多的抱怨，胡里奥的生意也越来越惨淡。终于有一天，没有一个人来照顾他的生意。

眼巴巴地看着嘉年华市集还有很长的一段时间，而摊位的租金在会前也早已付清了，但现在没有生意可做，旁边的冰激凌摊贩便好言相劝，让他帮着卖冰激凌。

胡里奥不能眼睁睁地看着租金就这样白白浪费掉，出于无奈，他只好以相对较高的价格向旁边的冰激凌摊主批购了一部分冰激凌来贩卖，用以补贴自己租用摊位的开销。

就这样，胡里奥又做了几天生意。他在心里琢磨着：还好，由于季节的原因，冰激凌的生意并不是很火热，如果有一天，冰激凌的生意好起来，也需要大量的纸杯做容器来盛装冰激凌。

万一要是再遇上纸业大罢工，生意还不是一样做不下去。看来，自己的生计还是一样，始终控制在别人的手里。

胡里奥由于有了这些顾虑，随即开动脑子，想着是否可以将自己唯一会做的松饼和这些冰激凌混合在一起。

他想，若是将自己的松饼在原来的基础上压薄一些，使其比原来坚固一点，再将压结实的松饼趁热卷成圆锥的形状，就可以用来装冰激凌了。如果这样，客人不但可以吃上冰凉甜美的冰激凌，又能同时享受到香脆爽口的松饼，真是一举两得，十分完美的办法呀！

这次困境激发了他的创意，让胡里奥又一次成为嘉年华市集上生意最火爆的摊贩。

举世闻名的老少皆能享用的“冰激凌蛋卷”，也就是由此而来。

心灵直通车：遇到难题，不要气馁，也许我们只须皱一皱眉就会产生更好的想法，世界上有许多财富就是这样得来的。在困难面前，千万不要低头，不要被它击败，只有勇敢地站起来，打败它，你才能获得应得的回报。

良好的竞争效应

劳动使一个人的道德变得高尚。

——凯洛夫

史考伯是一家暖气机公司的老板。一次，他手下的一名生产经理向他诉苦，因为他管理的部门，员工们一直没有办法完成他们的本职工作。

"像你这样一个勤恳能干的人，"史考伯问，"怎么会没有办法使自己部门的员工发挥出正常的工作效率呢？"

"我也不知道，"经理回答道，"我对那些员工把该说的话都说尽了，该发誓的也发誓了，我甚至还威胁过他们，要是再没有效率，就把他们全部开除，但还是一点效果都没有。他们还是和原来一样，无法完成制定好的生产目标。"

当时，白班刚刚结束，人们正在收拾工具，夜班人员陆陆续续地进入车间，准备工作。

"给我一根粉笔，"史考伯说。然后，他转身面向离他最近的一名白班工人，问道，“你们今天这一班，一共制造出了多少部暖气机？”

“六部。”

史考伯听后点点头，一句话也没说。

他用粉笔在黑板上写下一个格外醒目的阿拉伯数字“6”，并在右下角注上了日期。写完，史考伯就默默地离开了。

夜班工人进来后，看到了黑板上显眼的阿拉伯数字“6”，就问这到底是什么意思。

“今天，也就是刚才，我们的大老板来了，”一位上白班的工作人员说，“他问我们白班的人今天一共制造出了多少部暖气机，我们如实回答说六部，他就把它用粉笔写在了这块黑板上。”

第二天一大早，史考伯又亲自来到工厂。当天的夜班工人已把黑板上的“6”擦掉了，换上一个大大的“7”。

白班工人一大早来到工厂时，第一眼就看到了那个醒目的数字“7”。

原来，夜班工人认为白班工人肯定觉得他们比夜班干得好，于是很努力地要改变这一点。既然这样，白班工人觉得无论如何也要给夜班工人点颜色看看。

他们改变了以往不紧不慢的状态，加快工作步伐。傍晚，白班工人下班的时候，留下了一个醒目又颇具威胁性的阿拉伯数字“10”。就这样，员工们的工作态度被调动起来，他们热情高涨，效率也逐渐提高。

不久之后，这家公司的暖气机产量得到了大幅度的提高，员工们的工作态度扭转了局面，产量远远超过了同行业的其他工厂。

心灵直通车：高尚的良性竞争是卓越才能的一切源泉，人们只有每天看到自己的不足，时时感到不安，才能做好准备，每时每刻都不放弃竞争。只有充满竞争力的工作才是每个好员工所喜爱的具有挑战性的工作。作为管理者的你，应该让每一名员工都时刻充满竞争意识，最大程度地发挥自身的潜力，这样才能有效地提高效率。

墙头草

乐观主义者总是想象自己实现了目标的情景。

——西尼加

一个老爷爷带着他的孙子，用一头驴驮着一些粮食，到很远的集市上去卖。粮食拉到集市上，很快就卖掉了。于是，两人返程往家走。

路上，老爷爷把小孙子放在驴背上，自己在前面牵着驴走。这时，路上有人小声议论并责备孩子：这个小孩真是不懂事，他爷爷都这么大岁数了，还拉着驴。他年纪轻轻的，却坐在驴背上，真是不像话。

孩子听了路人窃窃私语的责备，脸上一阵阵地发红，也意识到了自己行为的不妥，就让爷爷停下来，自己立刻从驴背上跳下来，让爷爷骑到驴背上去。

老头听了孙子的话，骑上驴，小孙子在前面牵着驴走路。这时，旁边又有人站出来指责爷孙俩：

这个老头儿，白活了将近百岁，真是不通情理呀。一个大人，怎么能忍心让一个这么小的孩子在地上走路，自己却坐在驴背上悠闲自得呢？

老爷爷听了，觉得路人说的很有道理，于是，便把小孙子一块抱到驴背上来。两个人就这样一前一后地骑着驴。

不曾想，众口难调呀，路上又有人站出来说话了：这两个人怎么那么残忍呀，全都坐在驴背上，那么小的毛驴，哪来那么大的力量，压坏了怎么办？哎，真是太残忍了，一点也不善待家畜！

听了路人的这些话，老爷爷和孙子都觉得再也没有别的办法了。于是，两人只好都从驴背上下来。路上的人一见这情形，又开始笑话他们：真是一对愚蠢的爷孙啊，放着现成的驴不骑，却要走路受累！

最后，老头感到脸上发烫，左右为难，这么办不行，那么办不对，到底应该怎么办呢？

于是，老爷爷对孩子说：现在，咱们只剩下最后一个办法了，咱俩一起抬着驴子回家吧！

心灵直通车：一个没有主见的人，就像一根墙头草，风往哪边吹，他就往哪边倒，这样必定会被周围的人摆布。你的生命你做主，而你又意志不坚，时时被他人所摆布，结果，你的一生很有可能没有一刻是由自己主宰、为自己而活。因此，你变成了一个小丑，所有的人都嘲笑你、轻视你。走自己的路，让别人去说吧，即使你的想法是错误的，别人也会因为你的一再坚持而尊重你。

兔子和狼

生命犹如铁砧，愈被敲打，愈能发出火花。

——伽利略

一天，父亲狄克带着猎枪和儿子小布莱在田野山间漫步。父亲想借着大自然和山水中的灵秀之气，给小布莱上一节生动有趣的课。于是，一路上，父亲不停地给布莱讲解，并在智慧和灵性上加以引导。

正当父子俩悠然自得地在山林中散步时，小布莱蓦然抬头，发出一声惊叫，他指着远方的山坡，急切地大声喊道："爸爸，那边，您看——"

狄克顺着小布莱手指的方向望去，看见一只高大威猛的恶狼正用全身的力气追赶着，它的前面是一只仓皇而逃的小兔子。

小布莱眨着眼睛，立即问道："爸爸，我们要不要救救那只兔子？我看它太可怜了，那么用力地跑着。"

狄克看了一眼，笑了笑说："不急，我和你打个赌。你猜，这只恶狼最后能不能追上那只小兔子呢？"

小布莱一直盯着那只逃命的小兔子，一听爸爸这么问，直接回答道："应该很快就会被追上吧！"

狄克脸色一沉，说："不对，恶狼肯定追不上兔子。"

小布莱张大了嘴巴，诧异地问："为什么呢？"

狄克一脸慈祥，意味深长地说："恶狼目前所在乎的，只不过是一顿美味的午餐，如果追不上兔子，它还可以转过头来，再去捕食其他的东西作为食物。但是对那只兔子而言，就截然不同了。它一旦被恶狼追上，自己的小命也就此玩完了，所以，兔子会用尽所有的力量来逃命的。因此，我推测说，恶狼是追不上兔子的！你看着吧——"

小布莱一直盯着前面看，果然不出父亲所料，狼与兔子之间的距离越来越远。到最后，恶狼放慢了奔跑速度，放弃追捕兔子，长啸一声，转过头去，到其他地方寻找目标了。

小布莱从心底佩服父亲的先知先觉，又接着提出一个问题："爸爸，按照你的说法，恶狼明知自己永远追不上兔子，那么在一开始，它为什么还费力气去追呢？"

狄克笑着摸摸儿子的头说："也不能说恶狼是永远追不上兔子的。只要一声长啸，狼群集体出动，即使兔子跑得再快，最终还是逃不出狼群的围捕。也许，那只恶狼在一开始追赶兔子时，也期盼着能有伙伴们的支援吧！"

心灵直通车： 生活中，有些人之所以能够取得成功，或许是因为他正如逃命的兔子一般，背水一战、全力以赴，故而激发了自己的全部潜能。而有些人遭遇失败，或许是因为如恶狼一般，只是单纯地为了糊口，如若不成，他们还有其他的路可以选择，所以，他们不愿多付出心力，从而让事情变得更好。如果已经全力以赴了，可最终还是面临失败，那么不妨学一学狼的哲学，寻求团队的帮助，同心协力地分工合作，相信结果会是另外一番崭新的局面！

一个小木块

并不是每一种灾难都是祸，早临的逆境往往是福。

——夏普

有一个名字叫里奥的年轻人，除了懒惰之外，各个方面都很优秀。

有很长一段时间，他一直奔波，四处寻找，希望能够得到一种克服他凡事都打不起精神的良方妙药。他一直努力着，却还是遍寻不获。经过一番打听，一次次的辗转，里奥终于如愿以偿地找到了附近一位大名鼎鼎的牧师。他叫海德尔，是一位充满智慧的牧师。

牧师听了里奥此次拜访的目的后，微笑着点点头，没有说一句话，只是做了个手势，让里奥跟着他，来到附近的大约一公里处的铁路旁边。

那里，有一个老式的靠蒸汽运行的火车头。此时，火车头正停在一段铁轨上。里奥左右观察了一下，又看了看这个场景，始终没弄明白海德尔牧师的真正用意。里奥不敢提问，只好安安静静地站在一旁，左看看，右看看。

只见海德尔不知什么时候，手中拿了一块约有五英寸长的长方形小木块，他慢慢走到两条铁轨之间，弯下腰，将木块紧紧地卡在火车头的一个轮子上。

随后，海德尔对蒸汽火车头的驾驶员挥手示意，要他开始启动这个火车头。只听一声高亢的汽笛声响起，蒸汽火车头开始冒出一股浓浓的白烟。锅炉越烧越旺，一会工夫，火苗更加火红，蒸汽火车头的马力达到一定极限，已然全开。

里奥一声不吭地站在一旁，看着驾驶员指挥手下，接连不断地朝锅炉中添加煤炭，尽量将蒸汽火车头的动力一次性加到最大。可是，不管怎样，蒸汽火车头依然丝毫不动。

尽管驾驶员尝试很多种不同的方法，但仍然无法使庞大的蒸汽火车头缓缓地向前开。这时，海德尔急忙走到铁轨旁，将那块卡在车轮下的小木块取出。只见整个蒸汽火车头像受了什么刺激一样，立刻动了起来，缓缓地加速前进。

海德尔朝着驾驶员挥手道别，扭过头来，表情自若，笑着对里奥说道："这个以蒸汽为动力的火车头在铁轨上从发动到慢慢加速，再到最终全力加速，时速可以达到一百公里以上。你看，那一堵实心的砖墙，有五英尺厚，火车可以不费吹灰之力冲过去——"

海德尔顿了顿，举起手中的那个小木块，继续说道："然而，当火车停止在铁轨上时，即使是这样一个微不足道的小木块，也足以使它折腾半天，还是寸步难行。像你这样的年轻人，内心的蒸汽动力车头，又是被什么形状、多大的木头阻止了呢？其实，除了你本人之外，世上没有人能伸出援助之手帮你拿掉内心的惰性。当然，我也不例外。"

里奥听了这番话，内心受到极大的震撼，发誓要根除自己内心的那个小木块。

从此以后，他不断地付诸实际行动，每天努力地工作，不让自己松懈或停顿下来。这样一来，他不仅克服了懒惰，更创造了惊人的、令人羡慕的庞大事业。

心灵直通车：朋友，在你的人生道路上，是否也有这样一个小木块挡住了通向光明的路，或是让你一度陷入低潮不能自拔呢？尝试着拿掉它，行动起来，在不久的将来，你一定能够冲破那堵五尺厚的砖墙！

聪明的商人

时间是世界上一切成就的土壤。时间给空想者痛苦，给创造者幸福。

——麦金西

从前，有一个叫狄利斯的人，经常在多个国家间穿梭，靠倒卖异地珍贵且稀有的东西发家，是一个有头脑的商人。

一次，狄利斯决定带着他长大成人的儿子出去见见世面，闯荡一番。于是，两人一起出海远行了。

上路时，他们随身携带了一整箱的珠宝，打算在旅途中或船靠岸时卖掉。父子俩心知肚明，没有向任何人透露这个秘密。

一天，狄利斯在船头透气，无意间听到船上的水手们三五一群地交头接耳。原来，他们在偶然间发现了父子俩带的珠宝，由此心生贪念，正策划着如何才能悄无声息地谋害这对父子俩，把眼前的这些珠宝变为己有。

狄利斯听后，一时不知所措，身子直打哆嗦。他平复自己紧张的情绪，回到自己的小屋里踱来踱去，试图想个能够摆脱困境的好办法。儿子看到父亲焦急的样子，就问他到底出了什么事情。狄利斯无奈，只好把听到的事情一五一十地全部告诉儿子。

“我们只好和他们死拼了！”年轻人斩钉截铁道。

“不能这样，”狄利斯回答说，“他们会有更好的办法制服我们的！”

“那你准备把珠宝交给他们？”

“这样做肯定也不行，他们也许会杀人灭口的。”

“这个不行，那个也不行，咱们到底该怎么办呢？”

过了一会儿，狄利斯不知由于什么原因，突然怒气冲冲地一下子冲到甲板上，“你这个该死的笨蛋！”他大声地叫喊道，“你从来都没有听过我一句忠告！”

“老头子！”儿子的脸憋得通红，愤怒地叫喊着，“我听什么呀听，全是废话，根本没有一句是值得我听进去的！”

当父子俩你一句我一句开始失去理智、互相横眉谩骂的时候，水手们也都好奇地聚拢过来。狄利斯借此机会冲向他的小屋，用尽浑身力气拖出了他们携带的那箱珠宝。

“你这个忘恩负义的东西！”狄利斯尖叫道，“我要这些还有什么用，我现在宁可死于贫困，也绝不会让你继承我的财富！”

说着这些话，他随手打开了自己的珠宝箱。这么多的珠宝一下子呈现在眼前，水手们倒吸了口凉气。

狄利斯不顾一切地冲向栏杆，在别人能来得及阻拦他之前，将整整一箱的宝物全都投入了大海。

船上所有的人都看得目瞪口呆。过了一会，父子俩也清醒了，他们目不转睛地盯着眼前的那只空箱子，然后两人抱着躺在地上，为他们一时冲动所干的愚蠢的事而哭泣不止。

后来，人们散去了。他们回到船上的小屋时，父亲说：“孩子，没办法，我只能这样做，没有其他更好的办法来救我们的命了！”

“没错，”儿子答道，“爸爸，您想的这个方法是最好不过的了。”

当轮船刚一驶进码头，狄利斯和儿子便急忙下船，赶到了当地的法官那里。他们如实地指控了水手们密谋的海盗行为和对未来财产犯 的企图谋杀罪。

于是，法官逮捕了那些水手，一一进行审讯。法官问水手们，他们是否看到狄利斯把他的一箱珠宝全部投入了大海。水手们都点头，一致表示看到过。于是，法官判决他们有罪。

法官说道：“什么人会不顾一切地弃掉他的所有积蓄呢？可以推测，只有当人的生命受到威胁时，才会不得不这样做。”水手们没有办法，只能对狄利斯的珠宝进行赔偿。法官也从宽处理，饶了水手们的性命。

心灵直通车： 吃一堑长一智，看来那些久经商场历练的商人，视野和见识的确高人一筹。像这种绝处求生的应变智慧，不仅使他们保住了性命，还使丧失的钱财失而复得。

乞丐教师

抛弃今天的人，不会有明天；而昨天，不过是行云流水。

——约翰·洛克

第二次世界大战期间，几乎没有人能比阿伯特·戴维森的谋生方式更新鲜了。这话需要在他碰到一个乞丐，并且拒绝施舍对方一个硬币的那天说起。

“先生，发发慈悲，赏个小钱吧。”那天，一个流浪汉走近他，向他乞讨。

当时，戴维森还是个演员，但是自战争爆发以来，整个演艺界都不景气，他很长一段时间都没有开工，一直处于待业状态。因此，他没好气地对乞丐说：“我也是身无分文，别来纠缠我。”

乞丐听后，转身离开。这时，戴维森发现他竟然是个残疾人，他失去了左臂，但脸色十分红润，衣着也一点不破烂。

“等一等，”戴维森叫住了他，问道，“你知道我为什么连一块钱都不愿意给你吗？”

乞丐觉得根本不用回答这个问题，于是摇了摇头。

“因为你一眼看上去，状况要比我好得多，”戴维森向他招招手，“你跟我来。”

回到住所后，戴维森拿出自己的化妆盒，开始在乞丐的脸上一个劲地涂抹油彩。转眼间，乞丐就变成了一副苍白的面容，脸上呈现出憔悴的皱纹，头发也被戴维森剪得一片凌乱，整个脑袋看起来乱蓬蓬的。

“你昨天挣了多少钱？”戴维森问。

“四美元。”

“那好，你今天再出去试试，看能否多挣一些钱。”

两天后，乞丐敲开了戴维森的家门，尊敬地交给他五美元。原来，化妆后的第一天，他竟然挣到了三十美元，这个数字是他以前挣的最多的一天的七倍。

就这样，没过多久，其他一些乞丐也纷纷登门前来求助。

戴维森向每个前来化妆的乞丐收取两美元费用。他给他们出谋划策，把他们装扮成一个凄苦、绝望且又无助的乞丐模样，提示他们要根据实际情况恰当地运用哀求的声音。

在第一个月里，他每天固定地给十八个乞丐化妆。这样下来，不到一年的时间，他就搬进了一所高档住宅，拥有了自己的小汽车，还有一大笔的银行存款。

岁月周而复始，一晃就是十六年。十六年后，他几乎完全忘记了自己竟然还有一段当演员的生涯，竟然认识了成千上万的纽约乞丐。

后来有一天，纽约市政厅由于某些原因向乞丐颁布了一项禁令。这看来并不是一个明智之举，因为这些乞丐全是选民。

一次，两万名乞丐聚集在布朗克斯广场举行集会。这些人中，有将近四分之三的人是戴维森的顾客。他们当中的一个代表作为首席发言人在会场上宣布：“我们目前需要的是能站在我们的立场，能为我们说话且受过很多教育的人。”这时，有人提议选举阿伯特·戴维森，这一提议得到了大家的一致认可。

就这样，戴维森一举成名，成为了纽约市乞丐协会的秘书长。

戴维森在一次接受采访时承认，他做梦也没有想过这种不经意的指点乞丐行乞的方式最终会像滚雪球一样一天天地越滚越大。

就这样干了五个月后，他发现，如果只有自己一个人的话，很难再支撑下去。因此，他不得不去请几位和他有着共同经历的演员来做他的帮手。

心灵直通车：我们不能苛求每个人都成为一名真正的船长，但我们中的绝大部分还是能做一个很出色的水手的。上帝是公平的，在关上一扇门时，已经在另一处为你开启了一扇窗。是金子就会发光，关键是你是否找准了方向，找准了目标。

“梅尔多”铁锤

最深入人心，能治愈百病的音乐是知心的话语。

——爱默生

在美国的纽约州，有一家家喻户晓的“梅尔多”公司。这家公司其实就是靠制造“梅尔多”牌铁锤起家的，尽管它的起家时间很长，但过程一直是非常简单的。

“请你给我做一柄锤子，我要求它是最好的，就是做出你自己能做得最好的那种。”多年前，在纽约州的一座村庄旁边，一个木匠亲口对一个铁匠说。“我是从外地来的，在这里做了一个工程，可是，我的工具却在来的路上弄丢了。”

“只要是我做的，我保证，每一柄锤子都将是最好的。”铁匠戴维·梅尔多信心满满、自豪地说，“但你是不是会出那么高的价钱呢？”

“一定会的。”木匠说，“我的确需要一柄上好的锤子。”

梅尔多最后交给木匠的的确是一柄上好的锤子，也许根本没有哪柄锤子比这个再好的了。更值得称赞的是，这把锤子的柄孔不同寻常，要比一般的深，锤柄还可以结实地楔入锤孔中，在使用时，锤头就不会那么不容易脱柄了。

木匠对这个锤子十分满意，不停地向同伴炫耀他刚买到的新工具。第二天，和他一起工作的木匠都纷纷跑到铁匠铺，每个顾客都想订制一把与铁匠昨天做的一模一样的锤子。

这些锤子在使用过程中被工头无意中看见了，于是，他也准备给自己订做两件，而且要求一定要比前面那些人订制的还要好。

“这个要求我可真是做不到，”梅尔多坦诚地说，“其实，我打制每个锤子的时候，都要求自己尽可能地把它做得更完美，比上次做得还要好，我根本不会在意谁是我的主顾。”

没过多久，这件事就传到一个开五金店的老板的耳朵里，他一下子就订了两打。这么大的订单，梅尔多以前从来没有接过。

不久，纽约城里的一个大商人经过这个村庄，偶然看见梅尔多正在为五金店老板专门订制的锤子，竟然强行把它们一个不剩地全部买走了。另外，还给他留下了一个固定的长期订单。

在随后的漫长岁月中，梅尔多总是想尽办法来改进铁锤的生产工艺，关注生产过程中的每一个细节，并没有因为它只是一个可以捶打东西的铁锤而疏忽大意。尽管这些锤子在交货时没有“合格”或“优质”等标签，但人们只要在锤子上见到“梅尔多”三个字，就会不假思索地买下它。

就这样，在一个不起眼的乡村小镇里诞生的小铁锤，慢慢变成了全美国乃至全世界的优秀名牌产品。

而梅尔多也凭借打磨铁锤的技术与名望，最终成为美国的亿万富翁。

心灵直通车：铁锤之所以如此畅销，是因为梅尔多要求自己把每一把铁锤都做得更好，并且要求独一无二。梅尔多能够取得最终的成功，正是由于他遵循了这个原则。

总裁的病症

如果落日的余辉照射着你的双手，你发觉它们当天并没有做过有价值的事情，那你就应当把这一天看作已经失落。

——爱德华·杨格

芝加哥市某大型公司的总裁，最近一段时间患上了十分严重的神经衰弱症。他整天没有食欲，睡眠质量也不高，白天感觉困乏不堪，头疼欲裂。

于是，他苦恼不已，四处求医，还是不见好转。

一个极其偶然的机会，他听朋友介绍说，著名的心理专家沙特拉博士在治疗这种病方面是个专家。

第二天一大早，这位总裁按照指示路线，带着激动的心情来拜访那位博士。宾主见面自我介绍，一阵寒暄之后，他正准备详细地向博士描述自己的病情。

这时，博士家里的电话突然响了，说是医院有急事找博士。但博士马上就在电话中把事情处理好了。

可是，沙特拉刚一放下话筒，坐在总裁身边，还没开口说话，另外一部电话又“嘀嘀”地响了起来。他只好又离席转身去接电话，又是一件关乎人命的紧急事件。

电话挂断后，一会儿，又有一位医院的同事打电话向博士征询医院里某一位重病患者的最终处理意见。

无奈，博士只好让客人自己先坐在那里，让他等了二十多分钟。

最后，博士挂断了电话，真诚地向这位总裁先生道歉。

总裁回答说：“真的没关系，沙特拉博士，在你身上，我似乎已经找到了我真正的病根。回到公司后，我将立刻改变自己现在的工作习惯。对了，临走时，您能否让我看一下您的办公桌抽屉？”

博士点点头，打开抽屉，里面除了一些少量的纸类办公用品，别的什么也没有！

总裁疑惑地问：“博士，你那些等待处理的文件呢？还有未回的信函呢？”

博士笑笑说：“没有，全部都办完了！”

一个半月以后，总裁盛情邀请沙特拉博士到他的公司参观。他的病似乎痊愈了，状态也完全变了，浑身上下没有了当初的不适。

他特意打开自己的抽屉，对博士说：“以前，我的两间办公室里有三张办公桌，办公桌的抽屉里堆得满满的，全都是未处理或即将处理的文件。

“我每天疲于奔命，穷于应付的都是这些工作。不仅这个要做，那个也催命似的要做，一睁开眼，我就觉得自己身心疲惫，弄得我根本无暇也无心及时地处理它们。

“但是，自从上次听了你的一席话之后，我立即将那些堆压的旧文件和报告书一次性地全部理清。现在，我只需要一个办公桌，这已经足够了。工作一来，我马上进行处理，绝不一味地拖延和积压。所以，我已经完全消除了因延滞工作而给身心带来的紧张感和烦恼。现在，我的心情每天都很舒畅，病自然也就消失了。”

心灵直通车：故事中的这位总裁，当初为什么会终日紧张、烦恼，就是因为摆在他面前的工作太多了，这个需要做，那个也需要做，以至于不知道做什么好。久积成病，这属于自然规律。

开比萨店的学问

昨天是一张作废的支票，明天是一张期票，而今天则是你唯一拥有的现金——所以应当聪明地把握。

——李昂斯

一个名叫卡尔的美国人，从幼年开始，家里就经营着一家不大不小的杂货店，可是这么多年过去了，生意一直都没有红火过。

长大成人的卡尔告诉父母，既然这么多年过去了，杂货店一直没有经营成功，是否应该改变一下思路，想想其他的办法呢?

在他们家周围，有几所大学，在校的学生经常出来吃快餐。因此，卡尔想到，这方圆几公里内，还没有一家比萨饼店，卖比萨应该没有问题，没有一个竞争对手。

于是，他就说服父母，在自家的杂货店正对面，开一家精品比萨饼屋。卡尔根据自己的想法，请工人把比萨饼屋装修得既舒适又温馨，十分符合现代学生注重的高雅情调。

开业仅一年时间，卡尔的比萨饼店就小有名气，成为附近学生吃饭聚会的首选，每天从早到晚，餐厅都是爆满。于是，他又大张旗鼓地接连开了两家分店，生意也一样很火爆。

由于生意兴隆，卡尔的胃口也开始大起来，他一刻也没有停息，考察环境、找店铺。紧接着，在俄克拉荷马州附近，他又开了两家分店。

但是，好景不长，一个个坏消息传到他的耳朵里。卡尔后来开的两家分店刚开业不久，就严重亏损。刚开始，他平均分配给每家店五百份比萨，结果总是有一多半的比萨饼滞销。后来，他减少供应量，每天按两百份准备，但还是剩下很多。最后，他干脆每天只准备五十份，这是个连一天的房租都供不起的数字，即使是这样，还是卖不完。最后，一天只有两三位客人光顾他的比萨店了。

为此，卡尔苦恼不已，百思不得其解：同样是在大学周围卖比萨饼，同样是城市，同样有许多的大学生，究竟为什么家门口的比萨饼店那么红火，而俄克拉荷马的比萨饼店就一败涂地呢？

没过多长时间，他就发现了问题所在。

原来，两个城市由于地域差别，学生受到当地文化的影响，在饮食和趣味上都截然不同，有着巨大的差异。另外，他还发现在店面的装潢和比萨的配方上，由于他的疏忽而犯了大错。于是，他迅速做了改正，生意很快起死回生，越来越兴隆了。

一段时间过后，卡尔在纽约开店，也吃了不少苦头。后来，他不仅做了细致入微的市场调查，还进行了认真的分析。但奇怪的是，无论他怎么努力就是得不到大众的认可，比萨饼始终打不开市场。

后来，卡尔绞尽脑汁才发现，卖不动的原因是比萨饼的硬度不符合纽约人的口味。

发现了问题后，卡尔立刻研究新的配方，改变比萨饼的硬度。最后，比萨饼变成了老幼皆宜的食物，也成了纽约人早餐桌上的必备食品。

从第一家比萨饼店起，卡尔的比萨店遍地开花，一家又一家，十九年后，遍布整个美国，累计有三千余家，总价值高达三亿多美元。

卡尔总结说："我每到一个城市，总是要开一家新店。这家新店刚开始，很有可能会失败，但我现在取得的成功，是因为一次次的失败后我从来没有想过退缩，而总是积极乐观地总结失败的原因，想尽一切办法改变局势。既然成功存在这么多的确定性，你就必须学会尝试失败。"

心灵直通车： 福祸交替，思维互换。当你成功的同时，还存在着将来要面对失败的危机；当你失败的时候，也可能是通向成功的希望。这主要取决于我们面对成功与失败的态度和采取的行动。

被压在车下的人

追求真理比占有真理更加难能可贵。

——爱因斯坦

一个星期六，菜农杰克像往常一样，哼着小调，驾着牛车，拉了几袋土豆到离家不远的小镇里去卖。他像平时一样，一直沿着村子东边的那条小路驾车，尽管那条路有点窄，但距离却要比其他路近很多，可以提前到镇里，也许，土豆还可以卖个好价钱。

杰克驾着牛车正不紧不慢地走着，突然，迎面飞驰而来一辆小汽车。杰克眼看着小汽车朝自己冲过来，他立刻拉着牛向一侧避让。谁知，路边有一个大坑，牛按照杰克的指挥，往一侧躲闪，一下子失去了重心，没等站稳，便立刻向坡下滚去。杰克也惊慌失措，一下子失去了知觉。

当他再度醒来时，发现自己竟然在牛车下面，身旁还有散落一地的土豆。重重的车轮和车身压得他几乎喘不上气来，而且更令他害怕的是，他的下半身竟然不能动弹，完全失去了知觉。

他在车底下根本看不到自己的腿是什么情况，但他知道，这是一条十分偏僻的小路，行人非常少，如果在天黑之前还爬不到路边求救的话，他也许会因失血过多而死亡，或者在这个昼夜温差极大的鬼地方，夜里会被冻死。

一想到这些，杰克心中油然升起一股巨大的恐惧。他要自己爬出去，只有爬出去，才有机会得救。他试了试压在身上的牛车，向上推动，牛车只是轻微晃动了一下，随即又掉下来压在他的身上，他忍不住大声呻吟，心中的那种恐惧弥散得更深了。

“我不想死”，这个强烈的念头在杰克心中沸腾着，像蒸汽一般快速从心中迸发。他尽可能地弓起身向上，并时刻调整手臂的位置，摸索着牛车的一侧边缘，心中暗自默数“一、二、三！”沉重的牛车略微移动了一些，他感到自己的手臂比刚才自由了一些。但是，这一举动耗费了他很大的能量，他觉得自己的体力快要用尽了。他闭上眼，做着深呼吸。

过了一会儿，呼吸稍微有点好转，他又开始第二次尝试。就这样一次次努力，在第四次的时候，那辆沉重得像个山一样的牛车竟然出乎意料地被他举了起来！

他挣扎着从坡下爬到马路上，这才被路过的行人发现，并立即送往医院。

后来，杰克的一个朋友杜瓦向人们解释说，菜农杰克的真实故事实在是令人感到不可思议，它简直是一个奇迹。因为那个牛车，至少有三百斤重，一般情况下，健康的人要想举起它或是推动它，都是一件非常困难的事，更何况，杰克当时处于如此恶劣的条件之下，还身受重伤呢！

杰克也为此感到疑惑不解，他觉得自己虽然身体健壮，但是，也绝不可能有如此大的力量。

科学家贝姆从科学的角度对此做出了这样的答复：人往往在濒于险境时，精神会感到紧张，心跳也会加快，从而导致肾上腺素加速分泌。胰腺会引起人在一瞬间能量的爆发，爆发出超出平常体力几倍力量。这也许就是我们通常所说的，造化赋予人类的一种自救的本能吧！

心灵直通车： 在一些重要场合，我们通常会感到脸色通红、心跳加速，此时此刻的表现说明了你的紧张。但是另一方面，这往往是一种出人意料的最佳状态。所以，请充分相信自己和自己潜在的能力吧，你在某种被激励、刺激的状态下，完全可以做出令自己都意想不到的最佳表现。让挑战再次提高你的精神，让这种战斗精神引发你热血澎湃的力量，并坚决把它付诸行动。

心怀善良

共产主义不仅表现在田地里和汗水横流的工厂里，也表现在家庭里、饭桌旁，在亲戚之间，在相互的关系上。

——马雅可夫斯基

那是1886年冬天的一个黄昏，荷兰画家文森特·梵高因为没钱付房租而被房东一再追讨，被迫在黄昏时分冒着刺骨的风雪，来到附近一家不起眼且廉价的小画铺门前，央求画铺的老板打开门，希望他能收购下他手里的一幅刚刚完成的静物画。

在那个年代里，这个如此年轻的、尚未成名的画家实在是太穷了。他像一只落群的大雁，孤独地在异乡漂流，吃穿住行没有丝毫的保障。虽然每天进行长达十五个小时的绘画，但由于人们世俗的眼光，他的画一张也卖不出去，还为此受尽了世人的歧视与冷漠。

他曾经在给亲人的一封信上诉说道："这几

天，我过得很不愉快。到星期四为止，我的钱已经分文不剩，全部花光了。四天来，支持我生存下来的只有二十杯咖啡和一点勉强充饥的面包，面包还是在一家零食店赊账买来的，至今还没有还钱。今晚，我只剩下一块面包皮了……然而，绘画创作让我着了迷，它深深地诱惑着我，我像卖苦力一样一直画着油画……”

生活就是如此的不公平，梵高竟然是这么的贫困与无助。他知道，在这个寒冷的冬天，如果再不想办法卖出去一张画，那么，唯一的结局就是被赶出现在居住的旅店，只能露宿在风雪街头或是荒郊野外了……

梵高还算幸运，小画铺的老板最终勉强同意买下他刚完成的这幅静物画，给了他五法郎。对于那时的梵高来说，这几乎算是上帝给予他的最大的恩宠了。他紧紧地攥着这看似微不足道的五法郎，又怕老板反悔，立刻离开了小画铺。

可是，就在他返回住处的路途中，他看见一个七八岁的小女孩刚从圣拉萨教堂中走出来，小女孩尽管衣衫褴褛，但是很美丽。在这个风雪交加的冬天，从孩子那双可怜、无助且纯真的眼睛里，梵高一眼就看出来了，小女孩也和他一样，正处于贫穷和饥寒交迫之中。

“我可怜的孩子！”梵高用他那忧郁的目光盯着这个正在祈求的女孩，喃喃地说道，“没错，当凛冽的寒风吹起，风雪降临到这个世界的时候，所有穷人的处境都是困苦的，可是，那些奢华的富人是永远不会懂得这样的困苦的。”

想着这些，梵高已经完全忘记了房东此时正守在他的住处，不耐烦地等着他回去交房租的事情。他毫不吝啬地伸出手，把自己刚刚得到的五法郎全都送给了这个可怜的孩子。那时，他甚至还觉得自己是那么没用，能给予这个可怜的小女孩的帮助实在是太少了，以至于根本起不到任何作用。于是，梵高满脸通红，他惭愧地、迅速地离开了小女孩，踉踉跄跄地消失在寒冷的风雪中……

四年后，文森特·梵高——这位历经饥寒交迫、世态炎凉和孤独窘迫的艺术家，凄惨悲愤地离开了这个看似美好的世界。这位天才画家，在这个世界上仅活了三十七年！

梵高生前的绘画天分一直没有得到同时代人的承认，但在他死后，遗留下来的大部分作品都成为了整个世界所崇拜的绚烂夺目的珍品。

更令人没有想到的是，就在1886年那个冬天的黄昏，他那幅当时仅仅卖了五法郎的静物画，经过若干年后，竟然出现在巴黎一家名气显赫的拍卖行的第九号画廊里。更令人诧异的是，有人竟然毫不犹豫地出了天价——数千法郎——如获珍宝地买下了它！

心灵直通车：善良是一种心灵的美德，它不是一门高深的学问，而是一种行为。在不同的年代里，人们需要的、能够感到一股股暖流的总是同一种感觉，那就是善良。因为它会给这个世界带来温暖，带给人们说不尽的幸福，而且不随时间而改变，始终如一。人们常说“善良的心就是太阳”，它普照大地，温暖人间。

敞开心灵的栅栏

人找到生活的意义才是幸福。

——尤里·邦达列夫

当杰瑞因脑瘤而去世后，他的妻子玛格丽特性格大变，她时常会因为一些小事而表现出异常的愤怒，脸上没有一丝笑容，好像世界上的每个人都与她有仇一般。上天太不公平，她憎恨一切，更憎恨孤独。她孀居三年，脸总是紧绷绷的，很难看到她舒展的表情。

一天，玛格丽特在小镇某段拥挤的路上开着车，这是她走过无数次的路。她转过头，忽然发现那幢她非常喜欢的房子不知何时竖起了一道新的栅栏。

那幢房子距今已有一百多年的历史，经历了风吹雨打，颜色有些发旧，正面有一个又宽又大的门廊。过去，这里一直隐藏在马路后面，很少有人会注意到。如今，由于马路扩建，街口竖起了疏导交通的红绿灯，小镇瞬间被装扮得颇有现代化城市的气息，只是这座漂亮的大房子前的那个空院子，已被现代文明蚕食得所剩无几了。

可是，无论何时，院子总是被打扫得干干净净，里面还绽放着朵朵鲜艳的花。玛格丽特还注意到，一个系着围裙、身材十分瘦弱的女人正在清扫地面上的枯叶，给鲜花浇水，修剪着草坪。

每次玛格丽特路过那幢房子，总要情不自禁地扭头看看那排栅栏。在那里，一位年老的木匠还在空地上搭建起了一个漂亮的玫瑰花架和一个精致的小凉亭，凉亭被漆成雪白色，与附近的房子搭配得相得益彰，十分和谐。

这天，玛格丽特又路过此地，她在路边停下车，长久地凝视面前的栅栏。可能是触景生情，或是木匠那精湛高超的手艺几乎令她流泪，玛格丽特实在是恋恋不舍，索性直接将车熄了火，下车走上前去，轻轻抚摸着栅栏。栅栏光滑的外表在午后阳光的照射下，透出柔和的光芒，栅栏的表面还散发着淡淡的油漆味。玛格丽特扫视了一下，看见那瘦弱的女人正准备开启身边的割草机。

“喂，你好！”玛格丽特一边大声喊，一边向她挥手。

“嘿，亲爱的！”那女人转过头，站起身，微笑着在围裙上擦了几下手。

“我正在看你的栅栏，这里实在是太美了。”

那女人微笑着迎过来，说道：“来门廊里坐一会儿吧，我告诉你这个栅栏的故事。”

玛格丽特跟着她，走上后门的台阶。那女人熟练地打开栅栏门，微笑着邀请玛格丽特。玛格丽特的心情舒畅极了，她欣喜万分，因为她终于来到了这幢美丽房子的门廊里，一边喝着冰茶，一边欣赏着周围那不同寻常又赏心悦目的栅栏。

“其实，这些栅栏并不是为我自己设的。”她一脸坦诚，直率地说道，“很多年来，我一直独自生活。有许多人曾经来过这里，人们都喜欢看那些漂亮又养眼的东西，于是，有很多人见到这排栅栏后，就像您一样，有点恋恋不舍。有的人主动向我挥手，甚至还有些人就像您这样，直接走了进来，坐在这里与我聊天。”

“可是，这条路的路面加宽后，发生了根本性的变化，你难道不介意这些吗？”玛格丽特好奇地问。

“当然介意。但是，变化也是生活中不可缺少的一部分，也是铸造个性的重要因素。亲爱的，当你不愿意或不喜欢的事情突如其来，你面临的将只有两个选择：一是痛苦愤懑，二是振作精神、勇往直前。”

当玛格丽特最后起身准备离开时，她说：“这里任何时候都欢迎您！离开时，请不要把栅栏的门关上，这样看上去显得更加友善。”

玛格丽特感慨万千，她将栅栏门半开着，走了出去，然后启动车子离开了。

其实，她的内心深处沸腾着一种前所未有的新感觉，那是用语言无法表达出来的，只有内心可以深深地体会到，她那颗关闭已久的愤懑之心像一堵坚硬的围墙，瞬间在无形中受到冲击，轰然倒塌，取而代之的是那雪白的栅栏。

玛格丽特打算回家后，也把自家的栅栏门敞开，从此不再关闭。让它一直敞开着，对任何一个准备走近她、靠近她的人展现出自己的友善与好客。

心灵直通车： 敞开内心的栅栏，随时向人们开放，你就有可能获得整个世界。我们要时刻抓住人生的变化，借机来改变自己的一生。有些人总是以为自己将来的生活就是如此，无法改变，于是从不试图改变一下眼前的生活。请牢记，美好的生活是靠我们今天的努力拼搏而来的。

转换角度思考

被人走得最多的路肯定是最安全的，但别指望会在这样的路上碰到很多猎物。

——纪德

卡耐基，美国现代成人教育之父，二十世纪著名的心灵导师和成功学大师。曾有很长一段时间，这位人际关系交往专家都是靠租用纽约市一家大饭店的舞厅来举办讲座的。

这样一直持续了很长时间。但是，突然在某一个季度刚开始的时候，他收到了一份通知，饭店决定让他付高出原来三倍的租金。可想而知，卡耐基肯定不想付这笔超预算的租金。

可是，他心里非常清楚，与饭店的工作人员争论是根本不会起任何作用的。

于是，几天之后，他亲自去拜访了饭店的经理。

“收到你的通知，我感到有点意外，可以说，是非常吃惊。”卡耐基说，“我没有怪罪你的意思，换位思考一下，如果我是你，我也有可能发出这样一份通知。作为饭店的经理，尽可能地使收入增加是你的责任，我可以理解。但是现在，我们将用一张纸，列出一个清单，把你因涨租金可能得到的利弊全部写出来。”

接着，卡耐基取出一张纸，在中间位置划了一条明显的分界线，一边写着“利”，另一边写着“弊”。

他在“利”的一侧写下“舞厅空下来”几个明显的大字，然后说：“舞厅一旦空下来，租给别人用来开舞会，会是最划算的，因为类似这样的活动的收入，肯定比租给我作为讲课场所的收入要高。如果我平均每个月只占用你的舞厅二十个晚上来进行讲课，你的收入当然就会相对少一些。

“但是，我们从坏的方面来考虑。首先，如果你一再坚持增加租金，毫不妥协，你不但不能有效地从我这儿增加一分钱的收入，反而会适得其反，减少自己的收入。

“事实上，你可能会得不到任何收入，因为我根本没有办法支付你提出的租金。无奈，我只好另谋出路，被迫到其他地方讲课了。

“另外，你无形中还会增加一个额外的损失。因为我讲授的课程已经吸引了很多受过教育、修养和素质也极高的人来你的饭店，这对你来说也是一个很好的宣传，不是吗?

“事实上，如果你每年花费在报纸上登广告的费用是五千美元，也无法像我讲授的这些课程能吸引来这么多人来你的饭店。这对于饭店来说，介绍引荐的作用是不是有着更大的价值呢？”

卡耐基一边说着，一边把这两项坏处认真地写在“弊”面，然后微笑着把纸递给饭店的经理，说：“我希望您能好好考虑一下您有可能得到的利与弊，仔细权衡一下，看看哪个对您来说更重要，然后告诉我您的最后决定。”

第二天，卡耐基收到饭店经理的第二封信，内容是希望与他能够长期合作，又结合目前的实际，物价上涨等情况，他们的租金不得不涨百分之五十，而不是上次提出的三倍租金。

心灵直通车：换位思考，就是从他人的观点出发，站在他人的角度来重新考虑自己面临的实际问题，这样才能知己知彼。然后，把“障碍”转移到对方身上，变被动为主动，优先掌握主动权，以便有更好的策略，使对方不由自主地倾向自己的思维方式，这样远比被动地、不情愿地接受而高明得多。

一份关于时间的账单

爱惜衣裳要从新的时间起，爱惜名誉要从幼小时候起。

——普希金

关于金钱与时间，有一句描述得很贴切的话，那就是“一寸光阴一寸金”。

但是，在日常生活中，人们对于金钱的开支，大多是比较留心的，会投入更多的时间来关注金钱。但对于时间的支出，却一反常态，显得漫不经心。

如果有人专门对人们在工作和生活中所消耗的时间进行详细的分析并记录下来，列出一份“关于生命的账单”，这看上去不仅是一件十分有趣的事，而且很有可能使人改变观念，有所感悟，并以此作为警示。

法国一家名为《兴趣》的杂志不久前就专门针对人一生中在时间的主导和支配方面，做了一次深入的调查。结果显示是这样的：“站立30 年、睡觉23 年、坐着17 年、走路16 年、跑步1年零75 天、吃饭7 年、看电视6 年、聊天5 年零258 天、开车5 年、发怒4 年、准备饭菜3 年零195 天、穿衣服1 年零166 天、排大队1 年零135天、度假1 年零75 天、喝酒2 年、如厕195 天、刷牙92 天、哭50 天、说‘你好’8 天、看时间3 天。”

英国某家广播公司也曾委托过著名的人体研究专家对人的一生进行了详细的“量化”分析，得出的数字可以为上面的推算做个更详尽的补充：“沐浴2 年、等候入睡18周、打电话2年半、无所事事2 年半。”

以上这些大致推算和每一项量化分析也许并不全面，而且有些数字根本不具有强烈的说服力和可信度，但也不是一点作用都没有，它为我们清晰地列出了一个生命的账单。

这份账单上所显示的时间开支，有一些是可有可无的，有的却是完全可以节省下来的。其实，每个人在生活中，都必须清楚，我该为哪些事花费时间，哪些事完全可以忽略或简练缩短一些。节省时间的态度只有像对金钱那样一再计较，我们才能在有限的生命中做出更多、更有意义的事情。

心灵直通车： 看不见时间，这是人类的悲哀所在。因为看不见，人们无法知道它到底有多少；因为看不见，它就不会引起人们的关注。在人们的心目中，时间是上帝赐给我们的，我们没有因为要拥有它而付出过丝毫的艰辛，所以，即使发现它消失了，也不会感觉到一丝的痛惜。时间就像我们手中的那张信用卡，如果不谨慎使用，终究会有一天，它的余额突然变成零，而那时还有很多事情没有来得及做，还有很多完美的计划尚未实施！而且，时间和信用卡还有一个本质差别——时间是不能充值的。

拒绝的勇气

从不浪费时间的人，没有工夫抱怨时间不够。

——杰弗逊

汉斯大学毕业后，刚参加工作不久，住在千里之外的姑妈就来到他工作的城市看望他。汉斯激动不已，一大早便陪着她在这个小城市里逛。

到了午饭时间，但是，汉斯身上只有二十美元，这是他目前所能拿出的用来招待对他照顾尤佳的姑妈的全部资金。他想随便找一家小餐馆吃个便饭算了，可姑妈却笑着指着旁边一家很体面的餐厅，说那家应该不错。汉斯没办法，只能顺着姑妈指的地方，随她一起走了进去。

两人坐定后，姑妈便开始翻阅菜单点菜。当她再一次征求汉斯的意见时，汉斯只是无奈地笑着，含糊不清地说："随便吃点吧。"

此时，他心中有种说不出的滋味，揣在衣袋中的手全是汗。他用力攥着那仅有的带着体温的二十美元，显然，这点钱是远远不够的。那么，吃完饭后，该怎么办呢？

姑妈好像丝毫没有注意到汉斯的焦躁不安，她东张西望，还不住口地夸赞着哪个菜是他爱吃的，哪个菜的味道又不怎么样。汉斯只是低着头，一声不吭，连什么味道都没有吃出来。

最后，这顿饭终于吃完了，最后结账的那一刻也随之而来。面带微笑、彬彬有礼的侍者从前台拿来了账单，径直朝汉斯走来，汉斯张着嘴，却不知该说些什么。

这时，姑妈温和地笑了笑，扭转身子，从侍者手中接过账单，把钱给了侍者，然后微笑着盯着汉斯，语重心长地说："孩子，我知道你现在的感受。其实，我一直在等你说'不'，可是，你为什么就是不说呢？要知道，在有些时候，我们要毫无顾忌地说出'不'，要勇敢地去拒绝，这是最好的选择。我这次不远千里而来，就是想让你明白这个道理。"

心灵直通车：姑妈不仅给汉斯上了一课，也给所有的年轻人上了一课。在你力不能及的时候，要勇敢地说出"不"字，它不仅不会让你丢人，反而在更多时候，会让你顺利地摆脱困境。

心理崩溃

顺境使我们的精力闲散无用，使我们感觉不到自己的力量，但是障碍却能唤醒这种力量而加以运用。

——休谟

安德鲁·杰克逊是美国历史上人尽皆知的最出色的政客，1837年他担任过美国总统，是美国第一位平民总统，这个故事讲的就是关于他的一件真实的事。

在安德鲁·杰克逊的妻子去世后，杰克逊曾几度为自己的健康状况变得十分焦虑。他时常担心，家中好像有遗传因素，因为已经有好几个亲人都死于瘫痪性中风，所以，杰克逊也认定自己逃脱不掉，会死于家族疾病。在很长一段时间里，他一直在这种阴影下，心理极度恐慌地活着。

一天，他与一位年轻貌美的小姐在朋友家下棋。不知不觉中，杰克逊的手一下子垂了下来，整个人一眼看上去非常虚弱，脸色煞白，呼吸越来越沉重。他的朋友及时走到他身边扶住了他。

“到底它还是来了，”杰克逊一脸困苦，乏力地说，“我现在得了中风，看来，我的整个右侧已经瘫痪了。”

“你是怎么确定的呢？”朋友问。

“因为，”杰克逊答道，“刚才我尝试在右腿上捏了几下，但是，我的腿一点感觉都没有。”

“原来是这样啊，”与杰克逊一起下棋的那位姑娘说道，“不必担心，是你搞错了，你刚刚捏的不是你的腿，而是我的腿啊！”

心灵直通车： 病痛并不可怕，最可怕的是你自己，最大的敌人也是你自己。只有先战胜自己，才能战胜所谓的一切！即使不幸注定要来临，你也没有必要在今天付出代价，况且，心理的崩溃是任何灵丹妙药都无法医治的。

三块西瓜

每一本书是一级小阶梯，我每爬上一级，就更脱离畜生而上升到人类，更接近美好生活的观念，更热爱书籍。

——高尔基

一个年轻的小伙子十分羡慕富翁托克一生所取得的成就，于是，他费尽周折，跑到托克那里当面请教成功的秘诀。

托克在弄清楚了这个小伙子的真正来意后，笑了笑，一言不发，让小伙子一个人坐在一边，转身到厨房取来了一个色泽鲜艳的大西瓜。

青年愣住了，迷惑不解地注视着这一切，只见富翁用刀子“刷刷刷”把西瓜切开，眼前的西瓜被切成大小不等的三块。

“假设每块西瓜都代表着一定程度的利益，你将会怎样选择呢？”托克面带微笑，一边说一边把西瓜推到小伙子面前。

“我当然会选最大的那块了！”小伙子看了一眼三块西瓜，毫不犹豫地回答，眼睛也盯着那块最大的。

托克笑了笑说：“好，那请用吧！”

他把三块中最大的那块西瓜递给小伙子，自己却拿起最小的那块吃了起来。

当小伙子还在美滋滋地享用那块最大的西瓜时，富翁已经吃完了手中最小的那块。接着，富翁看了小伙子一眼，得意洋洋地拿起最后一块，吃之前还故意在小伙子面前晃了晃，随后，便津津有味地大口吃了起来。

实际上，那块最小的和最后的加在一起，要比三块中最大的那一块要大得多。

小伙子立刻明白了富翁托克的意思：尽管他吃的瓜没有自己的大，但最终却比自己吃得多。如果每块西瓜代表一定比例的利益，那么，富翁托克能够赢得的利益，肯定会比自己多。

心灵直通车：“舍得”的微妙之处就在于此，有舍才有得。要想成功，必须要学会适当的放弃，这并不意味着一种失败。只有那些敢于放弃眼前的大利益，不考虑局部利益的人，才能获得更为长远的更大的利益，这就是成功之道。

吉尼斯纪录的诞生

人生就是学校。在那里，与其是幸福，毋宁是不幸才是好的教师。因为，生存是在深渊的孤独里。

——海德格尔

英国人比佛在中年时期曾担任吉尼斯啤酒厂的总经理。他尤其喜欢打猎，还热衷于在假期约上几个朋友一起出去狩猎。他对自己的枪法也是极其自信，在朋友们面前丝毫不忌讳，总是大刀阔斧地吹嘘一番，天上飞的、地上跑的，任何猎物都躲不过他的枪。

有一次，比佛和朋友们一起去打猎。无意间，大家发现一只鸟“嗖”地飞了过去，速度非常快。于是，朋友们就和比佛打赌：“你的枪法这么好，能不能射中这只鸟呢”。结果，比佛连发多枪都没有打中，朋友为此对他的枪法进行否定，并且大肆嘲讽。

比佛认为这不是他的枪法问题，而是这只鸟的飞行速度实在是太快了。但是，朋友们根本不这样认为。

一番唇枪舌战后，比佛动了真格的，他认定那只鸟是目前世界上飞行速度最快的鸟。

为了进一步证明自己的说法是正确的，比佛在那次打猎回来之后，就找出了《百科知识》等相关的书一一进行查阅，他是想通过历史的记载证明给大家看，让朋友们对他心服口服。

为此，比佛耗费了很多的时间和精力，但是没有得到任何相关的有价值的资料，甚至根本没有见过一本提及鸟儿飞行速度的书。

比佛十分沮丧，因为他没有找到一个充分的证据能够证明自己的说法是正确的。这时，比佛产生了一个灵感，他突发奇想，既然世界上到目前为止还没有一本记载鸟儿飞行速度的书，为什么我自己不能编写一本相关的书籍呢？

后来，通过朋友的介绍，他聘请了一对孪生兄弟担任编辑。一年后，他们编出了第一本样书，比佛把它取名为《吉尼斯世界纪录大全》。

这本书一投入市场，就受到广大读者的热烈欢迎。自从它面世以来，平均每年都要出一版。后来，这本书被翻译成二十一种语言，在全世界发行，发行量高达四千万册以上，成为当今世界上最畅销的图书之一。

心灵直通车：如果生活给我们出了一个难题，那它一定是在提醒我们：你应该思考了，这是一次改变的机遇。如果我们有所领悟，那么就得到了新生；如果没有领悟，生活就会把这个机遇转交给另一个人。

亡羊补牢

在科学的入口处，正像在地狱的入口处一样，必须提出这样的要求："这里必须根绝一切犹豫；这里任何怯懦都无济于事。"

——马克思

卡特曾经参加过一个关于人际关系培养的短期训练班，这期间，他有过一次独特、刻骨铭心的经历，于是记录下来与人一起分享。

那次培训课是这样的：

老师要求在座的每一个人写出自己过去曾感到羞愧、内疚、缺憾或是悔恨的事情。一周后，他会请大家站在讲台上大声宣读自己列出的清单。

这种行为看起来有点困难，因为它涉及人的弱点和隐私，但事实上，还是有一些勇敢的人自告奋勇地进行了宣读。听完了别人的详尽陈述后，卡特深受启发，自己的清单也越发长了起来，在三周的时间里，竟然增加到了一百多条。后来，培训师又建议他们在自己的有生之年，尽量想办法弥补缺憾，用真诚的态度向他人道歉，或是采取实际行动纠正错误，以弥补自己的过失。

卡特对此举深表疑惑，他认为用这种方法提高自己的人际关系，似乎不太可能。反之，只会让彼此的关系更加疏远。

一周过后，卡特身旁的某位同学举手发言，讲述了一个自己的真实故事："我在列出一串清单时，想起多年前，那在自己高中时代发生的事。我是在内华达州附近的一个小镇上长大的。镇上有个官员，当时，我们一群小孩子不知什么原因，都很讨厌他。一天晚上，我和两个伙伴闲得无聊，大家一商量，决定要捉弄一下这个叫布朗的讨厌的官员。

"当时，我们买了几瓶啤酒壮胆，然后又准备了一罐红色的颜料。最后，我们爬到镇子中央那高高的水塔上，用鲜红的颜料在水塔上面写道：'布朗官员是头又笨又胖的大狗熊'。

"第二天，镇上的人们在晨练时，都看到了我们留下的'杰作'，大家哈哈大笑。一传十，十传百，这个消息瞬间遍布了整个小镇。布朗听说后，气急败坏，发誓要逮到始作俑者。

"仅仅过了两小时，我们三个人就被布朗抓到了他的办公室。我的伙伴们看到布朗凶狠的脸，都承认了自己的错误，而我却宁死不屈、撒谎抵赖，庆幸的是，我最终蒙混过关了。

"这件事转眼间都快过去二十年了。今天，布朗的名字又一次出现在我的这个清单上。我不知道他是否仍在人世，是否还记得这件事。

"上个周末，我给生活在家乡的亲人打电话询问，镇子上果然有一个名字叫罗杰·布朗的先生。于是，我鼓足勇气打电话给他。不一会儿，电话那头传来'喂，你好'的声音。我问：'您是不是那个叫布朗的镇里的官员？'对方停顿片刻，回答道：'是的。'紧接着，我告诉他：'你好，我是吉米·考金斯，我是想告诉你，当年那件事，我也参加了，我也有份的。'对方又是一阵沉默，布朗说：'哦，其实我早就知道了。'

"我们两个都开始大笑，谈得很开心、很愉快。他最后说：'吉米，其实我为你感到不安，因为你当年的伙伴们早已消除了心病，而你这么多年，始终没有忘记，一直挂在心上。我首先应该感谢你亲自打来电话……这也是为你着想。”

吉米也鼓励卡特，希望他能化解他的清单上罗列出的应该弥补的所有的事情。

卡特听取了吉米的建议，用了两年的时间完成了一切。但这也就此成了他以后从事矛盾调解这个职业的一个新起点和新动力。无论面临的冲突与纠纷看上去多么严重，卡特一直遵循着“摒弃前嫌，化解一切矛盾，亡羊补牢为时不晚”的原则。

心灵直通车：有些事情允许我们慢慢改变，而有些事却刻不容缓，容不得我们用漫长的时间去调整。想一想，具体哪些事是需要我们果断解决、立即面对和竭力克服的，那么，就用坚定的态度去快速处理吧！要快刀斩乱麻，处理后患，不容许任何坏习惯腐蚀我们的心灵。

吉米和汤姆

今天应做的事没有做，明天再早也是耽误了。

——裴斯泰洛齐

农夫吉米与同村的汤姆劳累了几乎一整天，傍晚时分终于忙完了地里的农活，两人背起农具一起回家。

一路上，两人谈笑风生，兴致极高。忽然，吉米发现眼前不远处的地上正躺着一把斧头，他便加速步伐，匆忙跑了过去并捡起来。这把斧头崭新锃亮，一眼便知是主人买后还从来没有使用过的。吉米觉得这把斧子很新，自己前几天正好寻思着过几天去集市上买一把，于是美滋滋地想："真不错，我要把它带回家，占为己有。"

这时，汤姆也看到这把新斧头，眼睛一亮，插话说："我们捡了一把新斧头。"

吉米一听这话，一脸的不高兴，他认为这把新斧头是他先看到并捡起来的，理所当然归他所有。

于是，吉米端正了自己的态度，郑重其事地对汤姆说："汤姆，你说的话有点问题，因为这把斧头是我一眼看见的，所以你不应该说'我们捡了一把新斧头'，应该说'你捡了一把新斧头'才对。"

汤姆听后，也有点不高兴，但没有反驳，只是低头沉默不语，继续向前走路。

两人就这样各怀心思，一前一后地继续朝家的方向走去。

吉米手上抱着那把刚刚捡到的斧头，跟在汤姆后面。这样过了大概十分钟，后面不远处，一个人正风风火火地小跑过来，还不时地东张西望，行色匆忙，看样子是在寻找什么遗失的东西。那人似乎也看见了吉米手上抱着的斧头，便加快了脚步，跑了过来，眼看马上就要追上来了。

两人都意识到了，相互望了一眼。这时，吉米十分紧张，他又看了汤姆一眼，说："汤姆，那个人马上就要追上来了，我们该怎么办？我们就要被后面的那人抓到了。"

吉米的话一出，汤姆就明白了他的意思，知道他是想把自己与他一同绑在船上，责任也要他一起分担。

于是，汤姆立刻拉下脸，严肃地对吉米说："你可是真健忘啊，就在几分钟前，你还对我说，斧头是你一个人发现的。现在人家追过来了，你就该义不容辞地说'我要被他捉住了，我该怎么办？'而不是对我说'我们就要被他捉住了'。"

心灵直通车： 俗话说：同甘苦、共患难。朋友间应该一起分享甜蜜时刻，共同承担痛苦。不愿意与他人分享快乐与幸福的人，还怎么要求他人与自己一起分担苦难、共同承担责任呢？这个世界上，任何事物都是对等的，你在幸福的时候把别人抛到九霄云外，独自享受，那么在你痛苦的时候，也应该独自承担。生活法则本就是如此，这很公平。

另一种生活方式

科学的每一项巨大成就，都是以大胆的幻想为出发点的。

——杜威

看见那个病人与她随身带来的医疗转介单时，这位医师好像早已经养成了习惯，没有显示出一丝兴奋，只是按照常规，例行安排住院、检查和固定会谈。

会谈一般都是有固定时间的，每个星期二的下午三点到四点。那天下午，她走进了医师的办公室，一个第一次接触的陌生环境，还有面前那高耸的一排排书架围起来的那种严肃感和崇高感。她眼神飘忽、心跳加速，几乎不敢再多看一眼，便羞涩地低下了头。

这正如她的医疗记录上所描述的：害羞、少言寡语、性格内向、沟通极度困难、有严重的自闭倾向，推测有幻想症或妄想症。

虽然她面颊通红，低垂着头，静静地站在那里，但是，从她的脸上不难看出，稍胖的双颊上还有明显的雀斑。这位与她第一次见面的医师打破了尴尬的局面，开口问起她迁到这所医院后是否能适应所面临的困难。她一个劲儿地摇着低垂的头，蚊子一般的细微的声音传出一句："没有。"

在接下来的日子里，这位医师无意中发现，对她而言，书写的表达远远比交谈更容易、更方便。于是，他要求她每天随意地写写，记录在任何自己认为方便的纸上，或是写下任何她想表达的文字。

她的字唯美、纤细，字与字紧贴，全部挤在一起，普通人要想阅读，实在是太费工夫了，要费心又费力才有可能识别这其中的意思。而她的用词也很独特，给人的感觉是十分敏锐的，或者可以说这个人的表达能力实在是太抽象了，另外也可以说是十分有诗意的。

后来，医师在长时间的接触中，逐渐地了解了她的出生环境和成长过程。她出生在一个偏僻的小山村，那里道德严谨、思想落后，在那样的村落，也许是由于生活艰苦或是其他缘故，周围的每一个人都显得特别强悍而有生命力。

然而，她却恰恰相反，从小就胆小怕事，显得极其畏缩，有很多时候宁可被伙伴或家人嘲笑，也不敢独自一人出门。

父亲也为此经常在众人面前一个劲儿地叹气，担心她以后的生活和可能遇到的危险。父母还总是不停地唠叨，有时候禁不住直接说："你这个孩子跟别的孩子比起来，怎么会这么格格不入？"

无论家人怎么努力，她都没有丝毫的改变，甚至更加严重了。于是，她不得不陆陆续续地接受一家家医疗机构的治疗，直到有一天，她住进了这家精神病院。

医院的走廊里时常摆放着一些过期的杂志，那是社会上一些慈善人士捐赠的。这些杂志的内容一般是教普通人如何烹饪和裁缝，如何能够成为一个真正的淑女；有的是谈一些好莱坞影星和歌星的幸福生活；有的是一些深奥难懂的诗词或短篇连载小说。她自己不爱与人交流，但内心却有些喜欢，于是，在医院那茫然且无聊的岁月里，索性提笔不断地投稿。

出人意料的是，那些在家长、学校师生和医院里被视为涂鸦，而根本不知所云的文字，竟然刊登在了当时一流的文学杂志上。

医院的主治医师显得十分尴尬。他们立刻召开紧急会议，迅速决定取消某些带有侵犯性的治疗手段，并开始竖起耳朵仔细聆听她的谈话，认真分辨是否不小心错过了某些暗喻或象征。

她的家人也觉得有那么一丝得意，他们忽然醒悟，原来，自己家里还有这样一位了不起的怪女儿。

甚至连昔日小镇上那些整日闲言碎语的邻居都显得那么的不可置信：“难道今天获得伟大文学奖的作家，就是某某家当年那个行为举止都很怪异的小女孩？”

最后，她出院了，也凭着获得的奖学金跨出了国门。

这就是新西兰著名女作家——简奈特·费兰——的真实故事，她也是那个时代被人们公认的新西兰最著名、最伟大的女作家。

心灵直通车：人们的思维由于受到局限，才会显得循规蹈矩。然而，在社会中，从来都没有循规蹈矩的理性或科学，只是人们自认为任何事物都要有一致的标准，于是那些超出常态的，便被视为异常。其实，生物界时时存在着异常客，这只不过是少数人所遵循的另一种不同的生活方式罢了。